水文水资源技术与管理研究

刘红波　高海燕　徐兴东◎著

吉林科学技术出版社

图书在版编目（CIP）数据

水文水资源技术与管理研究 / 刘红波，高海燕，徐兴东著. -- 长春 : 吉林科学技术出版社，2021.8
ISBN 978-7-5578-8490-1

Ⅰ. ①水… Ⅱ. ①刘… ②高… ③徐… Ⅲ. ①水文学－研究②水资源－研究 Ⅳ. ①P33②TV211

中国版本图书馆 CIP 数据核字(2021)第 157117 号

水文水资源技术与管理研究

著　刘红波　高海燕　徐兴东
出 版 人　宛　霞
责任编辑　王旭辉
幅面尺寸　185mm×260mm　1/16
字　　数　263 千字
印　　张　11.75
版　　次　2022 年 8 月第 1 版
印　　次　2022 年 8 月第 1 次印刷

出　　版　吉林科学技术出版社
发　　行　吉林科学技术出版社
地　　址　长春市净月区福祉大路 5788 号
邮　　编　130118
发行部电话/传真　0431-81629529　81629530　81629531
81629532　81629533　81629534
储运部电话　0431-86059116
编辑部电话　0431-81629518
印　　刷　北京四海锦诚印刷技术有限公司

书　　号　ISBN 978-7-5578-8490-1
定　　价　50.00 元

前　言

水是人类及其他生物赖以生存的、不可缺少的重要物质，也是工农业生产、社会经济发展和生态环境改善不可替代的、极为宝贵的自然资源。然而。自然界中的水资源是有限的，人口增长与经济社会发展对水资源需求量不断增加，水资源短缺和水环境污染问题日益突出，严重地困扰着人类的生存和发展，水问题已不再仅限于某一地区或某一时段，而成为全球性、长期性的关注焦点，如何应对水问题，不仅要靠科学技术和经济基础来保障，更要靠水行政主管部门的合理规划和科学管理，基于此，作者结合自己多年的教学经验与科研成果，撰写了《水文水资源技术与管理研究》。本书在吸收有关书籍精华的基础上，充实了新思想、新理论、新方法和新技术，同时不过分苛求学科的系统性和完整性，强调理论联系实际，突出应用性，希望本书的出版能为我国水文水资源管理事业贡献一份力量。

本书共七章，主要内容包括：水文水资源概述、水文资料统计与水资源利用、节水与水资源再利用技术探究、水文环境保护技术与水资源可持续发展、水文水资源管理技术与体系构建、我国水文水资源管理的优化策略、黄河流域水资源协同治理研究。本书结构严谨，内容丰富，读者通过本书的研读可以更加全面地掌握水文环境保护的相关技术，更加深入地了解水资源管理的技术与策略。

本书在撰写过程中，作者参考了大量的相关书籍和学术论文，在此对相关作者表示衷心的感谢!由于撰写时间仓促，加之作者水平有限，书中难免存在错误和不足之处，恳切希望读者提出批评和指正。

目　录

第一章　水文水资源概述

水是人类及其他生物赖以生存的、不可缺少的重要物质，也是工农业生产、社会经济发展和生态环境改善不可替代的、极为宝贵的自然资源。本章将对水文水资源的相关基础问题进行逐一解析。

第一节　水文水资源内涵

水资源既是经济资源，也是环境资源。由于对水体作为自然资源的基本属性认识程度和角度的差异性，人们对水资源的含义有着不同的见解，有关水资源的确切含义仍未有统一定论。

由于水资源所具有的自然属性，人类对水资源的认识首先是对“自然资源”的了解。自然资源为“参与人类生态系统能量流、物质流和信息流，从而保证系统的代谢功能得以实现，促进系统稳定有序不断进化升级的各种物质”。自然资源并非泛指所有物质，而是特指那些有益于、有助于人类生态系统保持稳定与发展的某些自然界物质，并对于人类具有可利用性。作为重要自然资源的水资源毫无疑问具有“对于人类具有可利用性”这一特定的含义。

水资源的概念随着时代的进步，其内涵也在不断地丰富和发展。较早采用这一概念的是美国地质调查局（USGS），1894 年，该局设立了水资源处，其主要业务范围是对地表河川径流和地下水进行观测。

《大不列颠大百科全书》将水资源解释为：“全部自然界任何形态的水，包括气态水、液态水和固态水的总量。”这一解释为水资源赋予十分广泛的含义。实际上，资源的本质特性就是体现在其“可利用性”，毫无疑问，不能被人类所利用的不能称为资源。基于此，1963 年英国的《水资源法》把水资源定义为：“（地球上）具有足够数量的可用水。”在水环境污染并不突出的特定条件下，这一概念比《大不列颠大百科全书》对水资源的定义赋予更为明确的含义，强调了其在量上的可利用性。

联合国教科文组织（UNESCO）和世界气象组织（WMO）共同制定的《水资源评价活动——国家评价手册》中，定义水资源为："可以利用或有可能被利用的水源，具有足够数量和可用的质量，并能在某一地点为满足某种用途而可被利用。"这一定义的核心主要包括两个方面：其一是应有足够的数量，其二是强调了水资源的质量。有"量"无"质"，或有"质"无"量"，均不能称之为水资源。这一定义比英国《水资源法》中水资源的定义具有更为明确的含义，不仅考虑水的数量，同时其必须具备质量的可利用性。

1988 年 7 月 1 日颁布实施的《中华人民共和国水法》将水资源认定为："地表水和地下水。"《环境科学词典》（1994）定义水资源为："特定时空下可利用的水，是可再利用资源，不论其质与量，水的可利用性是有限制条件的。"

《中国大百科全书》在不同的卷册中对水资源也给予了不同的解释：在大气科学、海洋科学、水文科学卷中，水资源被定义为"地球表层可供人类利用的水，包括水量（水质）、水域和水能资源，一般指每年可更新的水量资源"；在水利卷中，水资源被定义为："自然界各种形态（气态、固态或液态）的天然水"，并将可供人类利用的水资源作为供评价的水资源。

引起对水资源的概念及其含义具有不尽一致的认识与理解的主要原因在于：水资源是一个既简单又非常复杂的概念。它的复杂内涵表现在：水的类型繁多，具有运动性，各种类型的水体具有相互转化的特性；水的用途广泛，不同的用途对水量和水质有不同的要求；水资源所包含的"量"和"质"在一定条件下是可以改变的；更为重要的是，水资源的开发利用还受到经济技术条件、社会条件和环境条件的制约。正因为如此，人们从不同的侧面认识水资源，造成对水资源理解的不一致性及认识的差异性。

综上所述，水资源可以理解为人类长期生存、生活和生产活动中所需要的各种水，既包括数量和质量，又包括其使用价值和经济价值。一般认为，水资源概念具有广义和狭义之分。

狭义上的水资源是指人类在一定的经济技术条件下能够直接使用的淡水。

广义上的水资源是指在一定的经济技术条件下能够直接或间接使用的各种水和水中物质，在社会生活和生产中具有使用价值和经济价值的水都可称为水资源。

广义上的水资源强调了水资源的经济、社会和技术属性，突出了社会、经济、技术发展水平对水资源开发利用的制约与促进。在当今的经济技术发展水平下，进一步扩大了水资源的范畴，原本造成环境污染的量大面广的工业和生活污水构成水资源的重要组成部分，弥补水资源的短缺，从根本上解决长期困扰国民经济发展的水资源短缺问题；在突出水资源实用价值的同时，强调水资源的经济价值，利用市场理论与经济杠杆调配水资源的开发与利用，实现经济、社会与环境效益的统一。

鉴于水资源的固有属性，本书所论述的水资源主要限于狭义水资源的范围，即与人类生活和生产活动、社会进步息息相关的淡水资源。

第二节 水资源形成与水文循环

一、水资源的形成

水循环是地球上最重要、最活跃的物质循环之一，它实现了地球系统水量、能量和地球生物化学物质的迁移与转换，构成了全球性的、连续有序的动态大系统。水循环把海陆有机地连接起来，塑造着地表形态，制约着地球生态环境的平衡与协调，不断提供再生的淡水资源。因此，水循环对于地球表层结构的演化和人类可持续发展都具有重大意义。①

由于在水循环过程中，海陆之间的水汽交换以及大气水、地表水、地下水之间的相互转换，形成了陆地上的地表径流和地下径流。由于地表径流和地下径流的特殊运动，塑造了陆地的一种特殊形态——河流与流域。一个流域或特定区域的地表径流和地下径流的时空分布既与降水的时空分布有关，亦与流域的形态特征、自然地理特征有关。因此，不同流域或区域的地表水资源和地下水资源具有不同的形成过程及时空分布特性。

（一）地表水资源的形成与特点

地表水分为广义地表水和狭义地表水。广义地表水指以液态或固态形式覆盖在地球表面上、暴露于大气的自然水体，包括河流、湖泊、水库、沼泽、海洋、冰川和永久积雪等；狭义地表水则是陆地上各种液态、固态水体的总称，包括静态水和动态水，主要有河流、湖泊、水库、沼泽、冰川和永久积雪等，其中，动态水指河流径流量和冰川径流量，静态水指各种水体的储水量。

地表水资源是指在人们生产生活中具有使用价值和经济价值的地表水，包括冰雪水、河川水和湖沼水等，一般用河川径流量表示。

在多年平均情况下，水资源量的收支项主要为降水、蒸发和径流。水量平衡时，收支在数量上是相等的。降水作为水资源的收入项，决定着地表水资源的数量、时空分布和可开发利用程度。由于地表水资源所能利用的是河流径流量，所以在讨论地表水资源的形成与分布时，重点讨论构成地表水资源的河流资源的形成与分布问题。

① 毛春梅. 水资源管理与水价制度［M］. 南京：河海大学出版社，2012.

降水、蒸发和径流是决定区域水资源状态的三要素，三者数量及其之间的变化关系决定着区域水资源的数量和可利用量。

1. 降水

(1) 降雨的形成。降水是指液态或固态的水汽凝结物从云中降落到地表的现象，如雨、雪、雾、雹、露、霜等，其中以雨、雪为主。我国大部分地区，一年内降水以雨水为主，雪仅占少部分。所以，通常说的降水主要指降雨。

当水平方向温度、湿度比较均匀的大块空气即气团受到某种外力的作用向上抬升时，气压降低，空气膨胀，为克服分子间引力需消耗自身的能量，在上升过程中发生动力冷却，使气团降温。当温度下降到使原来未饱和的空气达到过饱和状态时，大量多余的水汽便凝结成云。云中水滴不断增大，直到不能被上升气流所托时，便在重力作用下形成降雨。因此，空气的垂直上升运动和空气中水汽含量超过饱和水汽含量是产生降雨的基本条件。

(2) 降雨的分类。按空气上升的原因，降雨可分为锋面雨、地形雨、对流雨和气旋雨。

①锋面雨。冷暖气团相遇，其交界面叫锋面，锋面与地面的相交地带叫锋，锋面随冷暖气团的移动而移动。锋面上的暖气团被抬升到冷气团上面去。在抬升的过程中，空气中的水汽冷却凝结，形成的降水叫锋面雨。

根据冷、暖气团运动情况，锋面雨又可分为冷锋雨和暖锋雨。当冷气团向暖气团推进时，因冷空气较重，冷气团楔进暖气团下方，把暖气团挤向上方，发生动力冷却而致雨，称为冷锋雨。当暖气团向冷气团移动时，由于地面的摩擦作用，上层移动较快，底层较慢，使锋面坡度较小，暖空气沿着这个平缓的坡面在冷气团上爬升，在锋面上形成了一系列云系并冷却致雨，称为暖锋雨。我国大部分地区在温带，属南北气流交汇区域，因此，锋面雨的影响很大，常造成河流发生洪水。我国夏季受季风影响，东南地区多暖锋雨，如长江中下游的梅雨；北方地区多冷锋雨。

②地形雨。暖湿气流在运移过程中，遇到丘陵、高原、山脉等阻挡而沿坡面上升冷却致雨，称为地形雨。地形雨大部分降落在山地的迎风坡。在背风坡，气流下降增温，且大部分水汽已在迎风坡降落，故降雨稀少。

③对流雨。当暖湿空气笼罩一个地区时，因下垫面局部受热增温，与上层温度较低的空气产生强烈对流作用，使暖空气上升冷却致雨，称为对流雨。对流雨一般强度大，但雨区小，历时也较短，并常伴有雷电，又称雷阵雨。

④气旋雨。气旋是中心气压低于四周的大气涡旋。涡旋运动引起暖湿气团大规模的上升运动，水汽因动力冷却而致雨，称为气旋雨。按热力学性质分类，气旋可分为温带气旋

和热带气旋。我国气象部门把中心地区附近地面最大风速达到十二级的热带气旋称为台风。

（3）降雨的特征。降雨特征常用降水量、降水历时、降水强度、降水面积及暴雨中心等基本因素表示。降水量是指在一定时段内降落在某一点或某一面积上的总水量，用深度表示，以 mm 计。降水量一般分为 7 级，见表 1-1。降水的持续时间称为降水历时，以 min、h、d 计。降水笼罩的平面面积称为降水面积，以 km^2 计。暴雨集中的较小局部地区，称为暴雨中心。降水历时和降水强度反映了降水的时程分配，降水面积和暴雨中心反映了降水的空间分配。

表 1-1　降水量等级

24h 雨 M/mm	<0.1	0.1～10	10～25	25～50	50—100	100～200	>200
等级	微址	小雨	中雨	大雨	暴雨	大暴雨	特大暴雨

2. 径流

径流是指由降水所形成的，沿着流域地表和地下向河川、湖泊、水库、洼地等流动的水流。其中，沿着地面流动的水流称为地表径流；沿着土壤岩石孔隙流动的水流称为地下径流；汇集到河流后，在重力作用下沿河床流动的水流称为河川径流。径流因降水形式和补给来源的不同，可分为降雨径流和融雪径流，我国大部分以降雨径流为主。

径流过程是地球上水循环中重要的一环。在水循环过程中，陆地上的降水 34%转化为地表径流和地下径流汇入海洋。径流过程又是一个复杂多变的过程，与水资源的开发利用、水环境保护、人类同洪旱灾害的斗争等生产经济活动密切相关。

（1）径流形成过程及影响因素。由降水到达地面时起，到水流流经出口断面的整个过程，称为径流形成过程。降水的形式不同，径流的形成过程也各不相同。大气降水的多变性和流域自然地理条件的复杂性决定了径流形成过程是一个错综复杂的物理过程。降水落到流域面上后，首先向土壤内下渗，一部分水以壤中流形式汇入沟渠，形成上层壤中流；一部分水继续下渗，补给地下水；还有一部分以十壤水形式保持在土壤内，其中一部分消耗于蒸发。当土壤含水量达到饱和或降水强度大于入渗强度时，降水扣除入渗后还有剩余，余水开始流动充填坑洼，继而形成坡面流，汇入河槽和壤中流一起形成出口流量过程。故整个径流形成过程往往涉及大气降水、土壤下渗、壤中流、地下水、蒸发、填洼、坡面流和河槽汇流，是气象因素和流域自然地理条件综合作用的过程，难以用数学模型描述。为便于分析，一般把它概括为产流阶段和汇流阶段。产流是降水扣除损失后净雨产生径流的过程。汇流指净雨沿坡面从地面和地下汇入河网，然后再沿着河网汇集到流域出口断面的整个过程；前者称为坡地汇流，后者称为河网汇流。两部分过程合称为流域汇流过程。

影响径流形成的因素有气候因素、地理因素和人类活动因素。

①气候因素。气候因素主要是降水和蒸发。降水是径流形成的必要条件，是决定区域地表水资源丰富程度、时空分布及可利用程度与数量的最重要的因素。其他条件相同时，降雨强度大、历时长，降雨笼罩面积大，则产生的径流也大。同一流域，雨型不同，形成的径流过程也不同。蒸发直接影响径流量的大小，蒸发量大，降水损失量就大，形成的径流量就小。对于一次暴雨形成的径流来说，虽然在径流形成的过程中蒸发量的数值相对不大，甚至可忽略不计，但流域在降雨开始时土壤含水量直接影响着本次降雨的损失量，即影响着径流量，而土壤含水量与流域蒸发有密切关系。

②地理因素。地理因素包括流域地形、流域的大小和形状、河道特性、土壤、岩石和地质构造、植被、湖泊和沼泽等。

流域地形特征包括地面高程、坡面倾斜方向及流域坡度等。流域地形通过影响气候因素间接影响径流的特性，如山地迎风坡降雨量较大，背风坡降雨量小；地面高程较高时，气温低，蒸发量小，降雨损失量小。流域地形还直接影响汇流条件，从而影响径流过程，如地形陡峭，河道坡度大，则水流速度快，河槽汇流时间较短，洪水陡涨陡落，流量过程线多呈尖瘦形；反之，则较平缓。

流域大小不同，对调节径流的作用也不同。流域面积越大，地表与地下蓄水容积越大，调节能力也越强。流域面积较大的河流，河槽下切较深，得到的地下水补给就较多。流域面积小的河流，河槽下切往往较浅，因此，地下水补给也较少。

流域长度决定了径流到达出口断面所需要的汇流时间。汇流时间越长，流量过程线越平缓。流域形状与河系排列有密切关系。扇形排列的河系，各支流洪水较集中地汇入干流，流量过程线往往较陡峻；羽形排列的河系，各支流洪水可顺序而下，遭遇的机会少，流量过程线较矮平；平行状排列的河系，其影响与扇形排列的河系类似。

河道特性包括：河道长度、坡度和糙率。河道短、坡度大、糙率小，则水流流速大，河道输送水流能力大，流量过程线尖瘦；反之，则较平缓。

流域土壤、岩石性质和地质构造与下渗量的大小有直接关系，从而影响产流量和径流过程特性，以及地表径流和地下径流的产流比例关系。

植被能阻滞地表水流，增加下渗。森林地区表层土壤容易透水，有利于雨水渗入地下，从而增大地下径流，减少地表径流，使径流趋于均匀。对于融雪补给的河流，由于森林内温度较低，能延长融雪时间，使春汛径流历时增长。

湖泊（包括水库和沼泽）对径流有一定的调节作用，能拦蓄洪水，削减洪峰，使径流过程变得平缓。因水面蒸发较陆面蒸发大，湖泊、沼泽增加了蒸发量，使径流量减少。

③人类活动因素影响径流。人类活动是指人们为了开发利用和保护水资源，达到除害兴利的目的而修建的水利工程及采用的农林措施等。这些工程和措施改变了流域的自然面貌，从而也改变了径流的形成和变化条件，影响了蒸发量、径流量及其时空分布、地表和地下径流的比例、水体水质等。例如，蓄、引水工程改变了径流时空分布；水土保持措施能增加下渗水量，改变地表和地下水的比例及径流时程分布，影响蒸发；水库和灌溉设施增加了蒸发，减少了径流。

（2）河流径流补给。河流径流补给又称河流水源补给。河流补给的类型及其变化决定着河流的水文特性。我国大多数河流的补给主要是流域上的降水。根据降水形式及其向河流运动的路径，河流的补给可分为雨水补给、地下水补给、冰雪融水补给以及湖泊、沼泽补给等。

①雨水补给。雨水是我国河流补给的最主要水源。当降雨强度大于土壤入渗强度后，产生地表径流，雨水汇入溪流和江河之中，从而使河水径流得以补充。以雨水补给为主的河流的水情特点是水位与流量变化快，在时程上与降雨有较好的对应关系，河流径流的年内分配不均匀，年际变化大，丰、枯悬殊。

②地下水补给。地下水补给是我国河流补给的一种普遍形式。特别是在冬季和少雨、无雨季节，大部分河流水量基本上来自地下水。地下水是雨水和冰雪融水渗入地下转化而成的，它的基本来源仍然是降水，因其经过地下“水库”的调节，对河流径流量及其在时间上的变化产生影响。以地下水补给为主的河流，其年内分配和年际变化都较均匀。

③冰雪融水补给。冬季在流域表面的积雪、冰川，至次年春季随着气候的变暖而融化成液态的水，补给河流而形成春汛。此种补给类型在全国河流中所占比例不大，水量有限。但冰雪融水补给主要发生在春季，这时正是我国农业生产需水的季节，因此，对于我国北方地区春季农业用水有着重要的意义。冰雪融水补给具有明显的日变化和年变化，补给水量的年际变化幅度要小于雨水补给。这是因为融水量主要与太阳辐射、气温变化一致，而气温的年际变化比降雨量年际变化小。

④湖泊、沼泽水补给。流域内山地的湖泊常成为河流的源头。位于河流中下游地区的湖泊，接纳湖区河流来水，又转而补给干流水量。这类湖泊由于湖面广阔，深度较大，对河流径流有调节作用。河流流量较大时，部分洪水进入大湖内，削减了洪峰流量；河流流量较小时，湖水流入干流，补充径流量，使河流水量年内变化趋于均匀；沼泽水补给量小，对河流径流调节作用不明显。

我国河流主要靠降雨补给。在华北、西北及东北的河流虽也有冰雪融水补给，但仍以降雨补给为主，为混合补给。只有新疆、青海等地的部分河流是靠冰川、积雪融水补给，该地区的其他河流仍然是混合补给。由于各地气候条件的差异，上述四种补给在不同地区的河流中所占比例差别较大。

（3）径流时空分布。

①径流的区域分布。受降水量影响以及地形地质条件的综合影响，年径流区域分布，既有地域性的变化，又有局部的变化。我国年径流深度分布的总体趋势与降水量分布一样，由东南向西北递减。

②径流的年际变化。径流的年际变化包括径流的年际变化幅度和径流的多年变化过程两方面，年际变化幅度常用年径流量变差系数和年径流极值比表示。

影响年径流变差系数的主要因素是年降水量、径流补给类型和流域面积。降水量丰富地区，其降水量的年际变化小，植被茂盛，蒸发稳定，地表径流较丰沛，因此年径流变差系数小；反之，则年径流变差系数大。相比较而言，降水补给的年径流变差系数大于冰川、积雪融水和降水混合补给的年径流变差系数，而后者又大于地下水补给的年径流变差系数。流域面积越大，径流成分越复杂，各支流之间、干支流之间的径流丰枯变化可以互相调节；另外，面积越大，因河川切割很深，地下水的补给丰富而稳定。因此，流域面积越大，其年径流变差系数越小。

年径流的极值比是指最大径流量与最小径流量的比值。极值比越大，径流的年际变化越大；反之，年际变化越小。极值比的大小变化规律与变差系数同步。我国河流年际极值比最大的是淮河蚌埠站，为 23.7；最小的是怒江道街坝站，为 1.4。

径流的年际变化过程是指径流具有丰枯交替、出现连续丰水和连续枯水的周期变化。但周期的长度和变幅存在随机性。如黄河出现过 1922~1932 年连续十一年的枯水期，也出现过 1943—1951 年连续九年的丰水期。

③径流的季节变化。河流径流一年内有规律的变化，叫作径流的季节变化，取决于河流径流补给来源的类型及变化规律。以雨水补给为主的河流，主要随降雨量的季节变化而变化。以冰雪融水补给为主的河流，则随气温的变化而变化。径流季节变化大的河流，容易发生干旱和洪涝灾害。

我国绝大部分地区为季风区，雨量主要集中在夏季，径流也是如此。而西部内陆河流主要靠冰雪融水补给，夏季气温高，径流集中在夏季，形成我国绝大部分地区夏季径流占优势的基本布局。

3. 蒸发

蒸发是地表或地下的水由液态或固态转化为水汽，并进入大气的物理过程，是水文循环中的基本环节之一，也是重要的水量平衡要素，对径流有直接影响。蒸发主要取决于暴露表面的面积与状况，与温度、阳光辐射、风、大气压力和水中的杂质质量有关，其大小可用蒸发量或蒸发率表示。蒸发量是指某一时段如日、月、年内总蒸发掉的水层深度，以

mm 计；蒸发率是指单位时间内的蒸发量，以 mm/min 或 mm/h 计。流域或区域上的蒸发包括水面蒸发和陆面蒸发，后者包括土壤蒸发和植物蒸腾。

（1）水面蒸发。水面蒸发是指江、河、湖泊、水库和沼泽等地表水体水面上的蒸发现象。水面蒸发是最简单的蒸发方式，属饱和蒸发。影响水面蒸发的主要因素是温度、湿度、辐射、风速和气压等气象条件。因此，在地域分布上，一般冷湿地区水面蒸发量小，干燥、气温高的地区水面蒸发量大；高山地区水面蒸发量小，平原区水面蒸发量大。我国水面蒸发强度的地区分布，见表 1-2。

表 1-2　我国水面蒸发强度的地区分布

水面蒸发量/mm	地区
600~800	大小兴安岭，长白山，千山山脉
800—1000	长江以南的广大地区
1200~1600	青藏高原，西北内陆地区，华北平原中部，西辽河上游区，广东省，广西壮族自治区南部沿海和台湾西部，海南省和云南省大部
>2000	塔里木盆地、柴达木盆地沙漠区

从年蒸发量分区状况可以看出，水面蒸发的地区分布呈现出如下特点：①低温湿润地区水面蒸发量小，高温干燥地区水面蒸发量大；②蒸发低值区一般多在山区，而高值区多在平原区和高原区，平原区的水面蒸发大于山区；③水面蒸发的年内分配与气温、降水有关，年际变化不大。

我国多年平均水面蒸发量最低值为 400mm，最高可达 2600mm，悬殊较大。暴雨中心地区水面蒸发可能是低值中心，例如四川雅安天漏暴雨区，其水面蒸发为长江流域最小地区，其中荥经站的年水面蒸发量仅 564mm。

（2）陆面蒸发。

①土壤蒸发。土壤蒸发是指水分从土壤中以水汽形式逸出地面的现象。它比水面蒸发要复杂得多，除了受上述气象条件的影响外，还与土壤性质、土壤结构、土壤含水量、地下水位的高低、地势和植被状况等因素密切相关。

对于完全饱和、无后继水量加入的土壤，其蒸发过程大体上可分为三个阶段：第一阶段，土壤完全饱和，供水充分，蒸发在表层土壤进行，此时的蒸发率等于或接近于土壤蒸发能力，蒸发量大而稳定；第二阶段，由于水分逐渐蒸发消耗，土壤含水量转化为非饱和状态，局部表土开始干化，土壤蒸发一部分仍在地表进行，另一部分发生在土壤内部，此阶段中，随着土壤含水量的减少，供水条件越来越差，故其蒸发率随时间逐渐减小；第三阶段，表层土壤干涸，向深层扩展，土壤水分蒸发主要发生在土壤内部，蒸发形成的水汽由分子扩散作用通过表面干涸层逸入大气，其速度极为缓慢，蒸发量小而稳定，直至基本终止。由此可见，土壤蒸发影响土壤含水量的变化，是土壤失水的干化过程，是水文循环的重要环节。

②植物蒸腾。土壤中水分经植物根系吸收，输送到叶面，散发到大气中，称为植物蒸腾或植物散发。由于植物本身参与了这个过程，并能利用叶面气孔进行调节，故是一种生物物理过程，比水面蒸发和土壤蒸发更为复杂，它与土壤环境、植物的生理结构以及大气状况有密切的关系。由于植物生长于土壤中，故植物蒸腾与植物覆盖下土壤的蒸发实际上是并存的。因此，研究植物蒸腾往往和土壤蒸发合并进行。

目前陆面蒸发量一般采用水量平衡法估算，对多年平均陆面蒸发来讲，它由流域内年降水量减去年径流量而得，陆面蒸发等值线即以此方法绘制而得；除此，陆面蒸发量还可以利用经验公式来估算。

我国根据蒸发量为300mm的等值线自东北向西南将中国陆地蒸发量分布划分为两个区：A. 陆面蒸发量低值区（300mm等值线以西）：一般属于干旱半干旱地区，雨量少、温度低，如塔里木盆地、柴达木盆地其多年平均陆面蒸发量小于25mm。B. 陆面蒸发量高值区（300mm等值线以东）：一般属于湿润与半湿润地区，我国广大的南方湿润地区雨量大，蒸发能力可以充分发挥。海南省东部多年平均陆面蒸发量可达1000mm以上。

这说明陆面蒸发量的大小不仅取决于热能条件，还取决于陆面蒸发能力和陆面供水条件；陆面蒸发能力可近似地由实测水面蒸发量综合反映，而陆面供水条件则与降水量大小及其分配是否均匀有关。我国蒸发量的地区分布与降水、径流的地区分布有着密切关系，呈现东南向西北有明显递减趋势，供水条件是陆面蒸发的主要制约因素。

一般来说，降水量年内分配比较均匀的湿润地区，陆面蒸发量与陆面蒸发能力相差不大，如长江中下游地区，供水条件充分，陆面蒸发量的地区变化和年际变化都不是很大，年陆面蒸发量仅在550~750mm间变化，陆面蒸发量主要由热能条件控制。但在干旱地区，陆面蒸发量则远小于陆面蒸发能力，其陆面蒸发量的大小主要取决于供水条件。

（3）流域总蒸发。流域总蒸发是流域内所有的水面蒸发、土壤蒸发和植物蒸腾的总和。因为流域内气象条件和下垫面条件复杂，要直接测出流域的总蒸发几乎不可能，实用的方法是先对流域进行综合研究，再用水量平衡法或模型计算法求出流域的总蒸发。

（4）干旱指数。干旱指数是表示气候干旱程度的指标，为年水面蒸发量与年降水量的比值。当干旱指数小于1时，表示该区域蒸发量小于降水量，该地区为湿润气候；当干旱指数大于1时，即蒸发量大于降水量，说明该地区偏于干旱。干旱指数越大，干旱程度就越严重；反之，气候就越湿润。

（二）地下水资源的形成与特点

地下水是指存在于地表以下岩石和土壤的孔隙、裂隙、溶洞中的各种状态的水体，由渗透和凝结作用形成，主要来源为大气降水。广义的地下水是指赋存于地面以下岩土孔隙中的水，包括包气带及饱水带中的孔隙水；狭义的地下水则指赋存于饱水带岩土孔隙中的水。地下水资源是指能被人类利用、逐年可以恢复更新的各种状态的地下水。地下水由于水量稳定，水质较好，是工农业生产和人们生活的重要水源。

1. 岩石孔隙中水的存在形式

岩石孔隙中水的存在形式主要为气态水、结合水、重力水、毛细水和固态水。

（1）气态水。以水蒸气状态储存和运动于未饱和的岩石孔隙之中，来源于地表大气中的水汽移入或岩石中其他水分蒸发，气态水可以随空气的流动而运动。空气不运动时，气态水也可以由绝对湿度大的地方向绝对湿度小的地方运动。当岩石孔隙中水汽增多达到饱和时，或是当周围温度降低至露点时，气态水开始凝结成液态水而补给地下水。由于气态水的凝结不一定在蒸发地区进行，因此会影响地下水的重新分布。气态水本身不能直接开采利用，也不能被植物吸收。

（2）结合水。松散岩石颗粒表面和坚硬岩石孔隙壁面，因分子引力和静电引力作用产生使水分子被牢固地吸附在岩石颗粒表面，并在颗粒周围形成很薄的第一层水膜，称为吸着水。吸着水被牢牢地吸附在颗粒表面，其吸附力达10000atm，不能在重力作用下运动，故又称为强结合水。其特征为：不能流动，但可转化为气态水而移动；冰点降低至-78°C以下；不能溶解盐类、无导电性；具有极大的黏滞性和弹性；平均密度为$2g/m^3$。

吸着水的外层，还有许多水分子亦受到岩石颗粒引力的影响，吸附着第二层水膜，称为薄膜水。薄膜水的水分子距颗粒表面较远，吸引力较弱，故又称为弱结合水。薄膜水的特点是：因引力不等，两个质点的薄膜水可以相互移动，由薄膜厚的地方向薄处转移；薄膜水的密度虽与普通水差不多，但黏滞性仍然较大；有较低的溶解盐的能力。

吸着水与薄膜水统称为结合水，都是受颗粒表面的静电引力作用而被吸附在颗粒表面，它们的含水量主要取决于岩石颗粒的表面积大小，与表面积大小成正比。在包气带中，因结合水的分布是不连续的，所以不能传递静水压力；而处在地下水面以下的饱水带时，当外力大于结合水的抗剪强度时，则结合水便能传递静水压力。

（3）重力水。岩石颗粒表面的水分子增厚到一定程度，水分子的重力大于颗粒表面对其吸引力，产生向下的自由运动，在孔隙中形成重力水。重力水具有液态水的一般特性，能传递静水压力，有冲刷、侵蚀和溶解能力。从井中吸出或从泉中流出的水都是重力水。重力才是研究的主要对象。

（4）毛细水。地下水面以上岩石细小孔隙中具有毛细管现象，形成一定上升高度的毛细水带。毛细水不受固体表面静电引力的作用，而受表面张力和重力的作用，称为半自由水。当两力作用达到平衡时，便保持一定高度滞留在毛细管孔隙或小裂隙中，在地下水面以上形成毛细水带。由地下水面支撑的毛细水带，称为支持毛细水。其毛细管水面可以随着地下水位的升降和补给、蒸发作用而发生变化，但其毛细管上升高度保持不变，它只能进行垂直运动，可以传递静水压力。

（5）固态水。以固态形式存在于岩石孔隙中的水称为固态水，在多年冻结区或季节性冻结区可以见到这种水。

2. 地下水形成的条件

（1）岩层中有地下水的储存空间。岩层的空隙性是构成具有储水与给水功能的含水层的先决条件。岩层要构成含水层，首先要有能储存地下水的孔隙、裂隙或溶隙等空间，使外部的水能进入岩层形成含水层。然而，有空隙存在不一定就能构成含水层，如黏土层的孔隙度可达50%以上，但其空隙几乎全被结合水或毛细水所占据，重力水很少，所以它是隔水层。透水性好的砾石层、砂石层的孔隙度较大，孔隙也大，水在重力作用下可以自由出入，所以往往形成储存重力水的含水层。坚硬的岩石，只有发育有未被填充的张性裂隙、扭性裂隙和溶隙时，才可能构成含水层。

空隙的多少、大小、形状、连通情况与分布规律，对地下水的分布与运动有着重要影响。按空隙特性可将其分类为：松散岩石中的孔隙、坚硬岩石中的裂隙和可溶岩石中的溶隙，分别用孔隙度、裂隙度和溶隙度表示空隙的大小，依次定义为岩石孔隙体积与岩石总体积之比、岩石裂隙体积与岩石总体积之比、可溶岩石孔隙体积与可溶岩石总体积之比。

（2）岩层中有储存、聚集地下水的地质条件。含水层的构成还必须具有一定的地质条件，才能使具有空隙的岩层含水，并把地下水储存起来。有利于储存和聚集地下水的地质条件虽有各种形式，但概括起来不外乎是：空隙岩层下有隔水层，使水不能向下渗漏；水平方向有隔水层阻挡，以免水全部流空。只有这样的地质条件才能使运动在岩层空隙中的地下水长期储存下来，并充满岩层空隙而形成含水层。如果岩层只具有空隙而无有利于储存地下水的构造条件，这样的岩层就只能作为过水通道而构成透水层。

（3）有足够的补给来源。当岩层空隙性好，并具有储存、聚集地下水的地质条件时，还必须有充足的补给来源，才能使岩层充满重力水而构成含水层。

地下水补给量的变化，能使含水层与透水层之间相互转化。在补给来源不足、消耗量大的枯水季节里，地下水在含水层中可能被疏干，这样含水层就变成了透水层；而在补给充足的丰水季节，岩层的空隙又被地下水充满，重新构成含水层。由此可见，补给来源不仅是形成含水层的一个重要条件，而且是决定含水层水量多少和保证程度的一个主要因素。

综上所述，只有当岩层具有地下水自由出入的空间，适当的地质构造条件和充足的补给来源时，才能构成含水层。这三个条件缺一不可，但有利于储水的地质构造条件是主要的。

因为空隙岩层存在于该地质构造中，岩层空隙的发生、发展及分布都脱离不开这样的地质环境，特别是坚硬岩层的空隙，受构造控制更为明显；岩层空隙的储水和补给过程也取决于地质构造条件。

3. 地下水的类型

按埋藏条件，地下水可划分为四个基本类型：土壤水（包气带水）、上层滞水、潜水和承压水。

（1）土壤水是指吸附于土壤颗粒和存在于土壤空隙中的水。

（2）上层滞水是指包气带中局部隔水层或弱透水层上积聚的具有自由水面的重力水，是在大气降水或地表水下渗时，受包气带中局部隔水层的阻托滞留聚集而成。上层滞水埋藏的共同特点是：在透水性较好的岩层中央有不透水岩层。上层滞水因完全靠大气降水或地表水体直接入渗补给，水量受季节控制特别显著，一些范围较小的上层滞水旱季往往干枯无水，当隔水层分布较广时可作为小型生活水源和季节性水源。上层滞水的矿化度一般较低，因接近地表，水质易受到污染。

（3）潜水是指饱水带中第一个具有自由表面的含水层中的水。潜水的埋藏条件决定了潜水具有以下特征：

①具有自由表面。由于潜水的上部没有连续完整的隔水顶板，因此具有自由水面，称为潜水面。有时潜水面上有局部的隔水层，且潜水充满两隔水层之间，在此范围内的潜水将承受静水压力，呈现局部承压现象。

②潜水通过包气带与地表相连通，大气降水、凝结水、地表水通过包气带的空隙通道直接渗入补给潜水，所以在一般情况下，潜水的分布区与补给区是一致的。

③潜水在重力作用下，由潜水位较高处向较低处流动，其流速取决于含水层的渗透性能和水力坡度。潜水向排泄处流动时，其水位逐渐下降，形成曲线形表面。

④潜水的水量、水位和化学成分随时间的变化而变化，受气候影响大，具有明显的季节性变化特征。

⑤潜水较易受到污染。潜水水质变化较大，在气候湿润、补给量充足及地下水流畅通地区，往往形成矿化度低的淡水；在气候干旱与地形低洼地带或补给量贫乏及地下水径流缓慢地区，往往形成矿化度很高的咸水。

潜水分布范围大，埋藏较浅，易被人工开采。当潜水补给充足，特别是河谷地带和山间盆地中的潜水，水量比较丰富，可作为工业、农业生产和生活用水的良好水源。

(4) 承压水是指充满于上下两个稳定隔水层之间的含水层中的重力水。承压水的主要特点是有稳定的隔水顶板存在，没有自由水面，水体承受静水压力，与有压管道中的水流相似。承压水的上部隔水层称为隔水顶板，下部隔水层称为隔水底板；两隔水层之间的含水层称为承压含水层；隔水顶板到底板的垂直距离称为含水层厚度。

承压水由于有稳定的隔水顶板和底板，因而与外界联系较差，与地表的直接联系大部分被隔绝，所以其埋藏区与补给区不一致。承压含水层在出露地表部分可以接受大气降水及地表水补给，上部潜水也可越流补给承压含水层。承压水的排泄方式多种多样，可以通过标高较低的含水层出露区或断裂带排泄到地表水、潜水含水层或另外的承压含水层，也可直接排泄到地表成为上升泉。承压含水层的埋藏深度一般都较潜水大，在水位、水量、水温、水质等方面受水文气象因素、人为因素及季节变化的影响较小，因此富水性较好的承压含水层是理想的供水水源。虽然承压含水层埋藏较深，但其稳定水位都常常接近或高于地表，这为开采利用创造了有利条件。

4. 地下水循环

地下水循环是指地下水的补给、径流和排泄过程，是自然界水循环的重要组成部分，不论是全球的大循环还是陆地的小循环，地下水的补给、径流、排泄都是其中的一部分。大气降水或地表水渗入地下补给地下水，地下水在地下形成径流，又通过潜水蒸发、流入地表水体及泉水涌出等形式排泄。这种补给、径流、排泄无限往复的过程即为地下水的循环。

(1) 地下水补给。含水层自外界获得水量的过程称为补给。地下水的补给来源主要有大气降水、地表水、凝结水、其他含水层的补给及人工补给等。

①大气降水入渗补给。当大气降水降落到地表后，一部分蒸发重新回到大气，一部分变为地表径流，剩余一部分达到地面以后，向岩石、土壤的空隙渗入，如果降雨以前土层湿度不大，则入渗的降水首先形成薄膜水。达到最大薄膜水量之后，继续入渗的水则充填颗粒之间的毛细孔隙，形成毛细水。到包气带的毛细孔隙完全被水充满时，形成重力水的连续下渗而不断地补给地下水。

在很多情况下，大气降水是地下水的主要补给方式。大气降水补给地下水的水量受到很多因素的影响，与降水强度、降水形式、植被、包气带岩性、地下水埋深等有关。一般当降水量大、降水过程长、地形平坦、植被茂盛、上部岩层透水性好、地下水埋藏不深时，大气降水才能大量入渗补给地下水。

②地表水入渗补给。地表水和大气降水一样，也是地下水的主要补给来源，但时空分布特点不同。在空间分布上，大气降水入渗补给地下水呈面状补给，范围广且较均匀；而

地表入渗补给一般为线状补给或呈点状补给，补给范围仅限地表水体周边。在时间分布上，大气降水补给的时间有限，具有随机性，而地表水补给的持续时间一般较长，甚至是经常性的。

地表水对地下水的补给强度主要受岩层透水性的影响，还与地表水水位与地下水水位的高差、洪水延续时间、河水流量、河水含沙量、地表水体与地下水联系范围的大小等因素有关。

③凝结水入渗补给。凝结水的补给是指大气中过饱和水分凝结成液态水渗入地下补给地下水。沙漠地区和干旱地区昼夜温差大，白天气温较高，空气中含水量一般不足，但夜间温度下降，空气中的水蒸气含量过于饱和，便会凝结于地表，然后入渗补给地下水。

在沙漠地区及干旱地区，大气降水和地表水很少，补给地下水的部分微乎其微，因此，凝结水的补给就成为这些地区地下水的主要补给来源。

④含水层之间的补给。两个含水层之间具有联系通道、存在水头差并有水力联系时，水头较高的含水层将水补给水头较低的含水层。其补给途径可以通过含水层之间的“天窗”发生水力联系，也可以通过含水层之间的越流方式补给。

⑤人工补给。地下水的人工补给是借助某些工程措施，人为地使地表水自流或用压力将其引入含水层，以增加地下水的渗入量。人工补给地下水具有占地少、造价低、管理易、蒸发少等优点，不仅可以增加地下水资源，还可以改善地下水水质，调节地下水温度，阻拦海水入侵，减小地面沉降。

（2）地下水径流。地下水在岩石空隙中流动的过程称为径流。地下水径流过程是整个地球水循环的一部分。大气降水或地表水通过包气带向下渗漏，补给含水层成为地下水，地下水又在重力作用下，由水位高处向水位低处流动，最后在地形低洼处以泉的形式排出地表或直接排入地表水体，如此反复循环过程就是地下水的径流过程。天然状态（除了某些盆地外）和开采状态下的地下水都是流动的。

影响地下水径流的方向、速度、类型、径流量的主要因素有：含水层的空隙特性、地下水的埋藏条件、补给量、地形状况、地下水的化学成分、人类活动等。

地下径流模数是反映地下水径流量的一种特征值，受到补给、径流条件的控制，其数值大小随地区和季节而变化。因此，只要确定某径流面积在不同季节的径流量，就可计算出该地区在不同时期的地下径流模数。

（3）地下水排泄。含水层失去水量的作用过程称为地下水的排泄。在排泄过程中，地下水水量、水质及水位都会随之发生变化。

地下水通过泉（点状排泄）、向河流泄流（线状排泄）及蒸发（面状排泄）等形式向外界排泄。此外，一个含水层中的水可向另一个含水层排泄，也可以由人工进行排泄，如用井开发地下水，或用钻孔、渠道排泄地下水等。人工开采是地下水排泄的最主要途径之一。当过量开采地下水，使地下水排泄量远大于补给量时，地下水的均衡就遭到破坏，造成地下水水位长期下降。只有合理开采地下水，即开采量小于或等于地下水总补给量与总排泄量之差时，才能保证地下水的动态平衡，使地下水一直处于良性循环状态。

在地下水的排泄方式中，蒸发排泄仅耗失水量，盐分仍留在地下水中。其他类型的排泄属于径流排泄，盐分随水分同时排走。

地下水的循环可以促使地下水与地表水的相互转化。天然状态下的河流在枯水期的水位低于地下水位，河道成为地下水排泄通道，地下水转化成地表水；在洪水期的水位高于地下水位，河道中的地表水渗入地下补给地下水。平原区浅层地下水通过蒸发并入大气，再降水形成地表水，并渗入地下形成地下水。在人类活动影响下，这种转化往往会更加频繁和深入。

从多年平均来看，地下水循环具有较强的调节能力，存在着年际间的排—补—排—补的周期变化。只要不超量开采地下水，在枯水年可以允许地下水有较大幅度的下降，待到丰水年地下水可得到补充，恢复到原来的平衡状态。这体现了地下水资源的可恢复性。

二、水循环

（一）水循环的概念

水循环是指各种水体受太阳能的作用，不断进行相互转换和周期性的循环过程。水循环一般包括降水、径流、蒸发三个阶段。降水包括雨、雪、雾、雹等形式；径流是指沿地面和地下流动着的水流，包括地面径流和地下径流；蒸发包括水面蒸发、植物蒸腾、土壤蒸发等。

自然界水循环的发生和形成应具有三个方面的主要作用因素：一是水的相变特性和气液相的流动性决定了水分空间循环的可能性；二是地球引力和太阳辐射热对水的重力和热力效应是水循环发生的原动力；三是大气流动的方式、方向和强度，如水汽流的传输、降水的分布及其特征、地表水流的下渗及地表和地下水径流的特征等。这些因素的综合作用，形成了自然界错综复杂、气象万千的水文现象和水循环过程。

在各种自然因素的作用下，自然界的水循环主要通过以下几种方式进行：

1. 蒸发作用。在太阳热力的作用下，各种自然水体及土壤和生物体中的水分产生汽化进入大气层中的过程统称为蒸发作用，它是海陆循环和陆地淡水形成的主要作用。海洋水的蒸发作用为陆地降水的源泉。

2. 水汽流动。太阳热力作用的变化将产生大区域的空气流动——风，风的作用和大气层中水汽压力的差异，是水汽流动的两个主要动力。湿润的海风将海水蒸发形成的水分源源不断地运往大陆，是自然水分大循环的关键环节。

3. 凝结与降水过程。大气中的水汽在水分增加或温度降低时将逐步达到饱和，之后便以大气中的各种颗粒物质或尘粒为凝结核而产生凝结作用，以雹、雾、霜、雪、雨、露等各种形式的水团降落地表而形成降水。

4. 地表径流、水的下渗及地下径流。降水过程中，除了降水的蒸散作用外，降水的一部分渗入岩土层中形成各种类型的地下水，参与地下径流过程，另一部分来不及入渗，从而形成地表径流。陆地径流在重力作用下不断向低处汇流，最终复归大海完成水的一个大循环过程。在自然界复杂多变的气候、地形、水文、地质、生物及人类活动等作用因素的综合影响下，水分的循环与转化过程是极其复杂的。

（二）地球上的水循环

地球上的水储量只是在某一瞬间储存在地球上不同空间位置上水的体积，以此来衡量不同类型水体之间量的多少。在自然界中，水体并非静止不动，而是处在不断的运动过程中，不断地循环、交替与更新，因此，在衡量地球上水储量时，更注意其时空性和变动性。

地球上水的循环体现为在太阳辐射能的作用下，从海洋及陆地的江、河、湖和土壤表面及植物叶面蒸发成水蒸气上升到空中，并随大气运行至各处，在水蒸气上升和运移过程中遇冷凝结而以降水的形式又回到陆地或水体。降到地面的水，除植物吸收和蒸发外，一部分渗入地表以下成为地下径流，另一部分沿地表流动成为地面径流，并通过江河流回大海。然后又继续蒸发、运移、凝结形成降水。这种水的蒸发—降水径流的过程周而复始、不停地进行着。通常把自然界的这种运动称为自然界的水文循环。

自然界的水文循环，根据其循环途径分为大循环和小循环。大循环是指水在大气圈、水圈、岩石圈之间的循环过程。具体表现为：海洋中的水蒸发到大气中后，一部分飘移到大陆上空形成积云，然后以降水的形式降落到地面。降落到地面的水，其中一部分形成地表径流，通过江河汇流入海洋，另一部分则渗入地下形成地下水，又以地下径流或泉流的形式慢慢注入江河或海洋。小循环是指陆地或者海洋本身的水单独进行循环的过程。陆地上的水，通过蒸发作用（包括江、河、湖、水库等水面蒸发、潜水蒸发、陆面蒸发及植物蒸腾等）上升到大气中形成积云，然后以降水的形式降落到陆地表面形成径流。海洋本身的水循环主要是海水通过蒸发成水蒸气而上升，然后再以降水的方式降落到海洋中。

水循环是地球上最主要的物质循环之一。通过形态的变化，水在地球上起到输送热量和调节气候的作用，对于地球环境的形成、演化和人类生存都有着重大的作用和影响。水的不断循环和更新为淡水资源的不断再生提供条件，为人类和生物的生存提供基本的物质基础。

参与循环的水，无论从地球表面到大气、从海洋到陆地或从陆地到海洋，都在经常不断地更替和净化自身。地球上各类水体由于其储存条件的差异，更替周期具有很大的差别。

冰川、深层地下水和海洋水的更替周期很长，一般都在千年以上。河水更替周期较短，平均16d左右。在各种水体中，以大气水、河川水和土壤水最为活跃。因此在开发利用水资源过程中，应该充分考虑不同水体的更替周期和活跃程度，合理开发，以防止由于更替周期长或补给不及时，造成水资源的枯竭。

自然界的水文循环除受到太阳辐射作用，从大循环或小循环方式不停运动之外，由于人类生产与生活活动的作用与影响不同程度地发生“人为水循环”，如图1-1所示。应该注意到，自然界的水循环在叠加人为循环后，是十分复杂的循环过程，很难用一种简单的方法给予完整的表述。由此，图1-1仅是试图对于如此复杂的叠加循环过程利用简单的概念化的方法予以表示，便于理解。

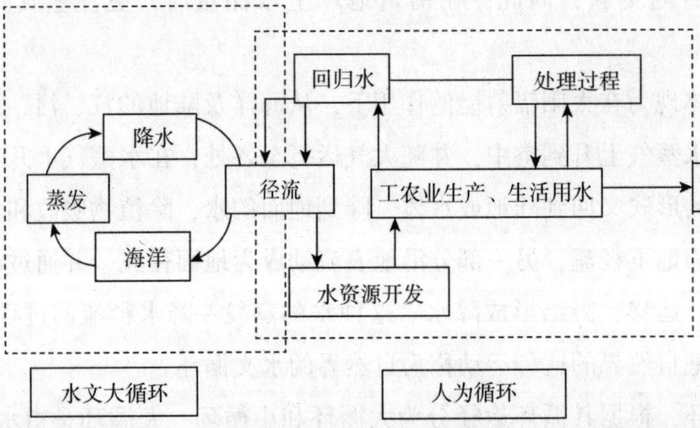

图1-1　自然—人为复合水文循环概念简图

由图1-1可见，自然界水循环的径流部分除主要参与自然界的循环外，还参与人为水循环。水资源的人为循环过程中不能复原水与回归水之间的比例关系，以及回归水的水质状况局部改变了自然界水循环的途径与强度，使其径流条件局部发生重大或根本性改变，主要表现在对径流量和径流水质的改变。回归水（包括工业生产与生活污水处理排放、农田灌溉回归）的质量状况直接或间接对水循环水质产生影响，如区域河流与地下水污染。人为循环对水量的影响尤为突出，河流、湖泊来水量大幅度减少，甚至干涸，地下水水位大面积下降，径流条件发生重大改变。不可复原水量所占比例越大，对自然水文循环的扰动越剧烈，天然径流量的降低将十分显著，引起一系列的环境与生态灾害。显然，在研究与阐述自然界水文循环方面，除系统自然水循环外，关注人为水循环对自然径流的干扰与改造作用对于实现水文的良性循环是至关重要的。

（三）水量平衡

地球上的水可呈气态、液态和固态三种形式存在，并处在不停的运动过程中，从全球角度来认识水的自然循环过程，其总水量是平衡的。地球上任一区域在一定时间内，进入的水量与输出水量之差等于该区域内的蓄水变化量，这一关系称为水量平衡，它是质量守恒定律在水文循环中的特定表现形式。进行水量平衡的研究，有助于了解水循环各要素的数量关系，估计地区水资源数量，以及分析水循环各要素之间的相互转化关系，确定水资源的合理利用量。

（四）我国水循环途径

我国地处西伯利亚干冷气团和太平洋暖湿气团进退交锋地区，一年内水汽输送和降水量的变化主要取决于太平洋暖湿气团进退的早晚和西伯利亚干冷气团强弱的变化以及7-8月太平洋西部的台风情况。

我国的水汽主要来自东南海洋，并向西北方向移运，首先在东南沿海地区形成较多的降水，越向西北，水汽量越少。来自西南方向的水汽输入也是我国水汽的重要来源，主要是由于印度洋的大量水汽随着西南季风进入我国西南，因而引起降水，但由于崇山峻岭阻隔，水汽不能深入内陆腹地。西北边疆地区，水汽来源于西风环流带来的大西洋水汽。此外，北冰洋的水汽，借强盛的北风，经西伯利亚、蒙古进入我国西北，因风力较大而稳定，有时甚至可直接通过两湖盆地而达珠江三角洲，但所含水汽量少，引起的降水量并不多。我国东北方的鄂霍次克海的水汽随东北风来到东北地区，对该地区降水起着相当大的作用。

综上所述，我国水汽主要从东南和西南方向输入，水汽输出口主要是东部沿海，输入的水汽，在一定条件下凝结、降水成为径流。其中大部分经东北的黑龙江、图们江、绥芬河、鸭绿江、辽河，华北的滦河、海河、黄河，中部的长江、淮河，东南沿海的钱塘江、闽江，华南的珠江，西南的元江、澜沧江以及台湾地区各河注入太平洋，少部分经怒江、雅鲁藏布江等流入印度洋，还有很少一部分经额尔齐斯河注入北冰洋。一个地区的河流，其径流量的大小和其变化取决于所在的地理位置及水循环线中外来水汽输送量的大小和季节变化，也受当地水汽蒸发多少的控制。因此，要认识一条河流的径流情势，不仅要研究本地区的气候及自然地理条件，也要研究它在大区域内水分循环途径中所处的地位。

第三节　水资源的特征

水资源是一种特殊的自然资源，它不仅是人类及其他生物赖以生存的自然资源，也是人类经济、社会发展必需的生产资料，它是具有自然属性和社会属性的综合体。

一、水资源的自然属性

（一）流动性

自然界中所有的水都是流动的，地表水、地下水、大气水之间可以互相转化，这种转化也是永无止境的，没有开始也没有结束。特别是地表水资源，在常温下是一种流体，可以在地心引力的作用下，从高处向低处流动，由此形成河川径流，最终流入海洋或内陆湖泊。也正是由于水资源这一不断循环、不断流动的特性，才使水资源可以再生和恢复，为水资源的可持续利用奠定物质基础。

（二）可再生性

由于自然界中的水处于不断流动、不断循环的过程之中，使水资源得以不断更新，这就是水资源的可再生性，也称可更新性。具体来讲，水资源的可再生性是指水资源在水量上损失（如蒸发、流失、取用等）后和（或）水体被污染后，通过大气降水和水体自净（或其他途径）可以得到恢复和更新的一种自我调节能力。这是水资源可供永续开发利用的本质特性。① 不同水体更新一次所需要的时间不同，如大气水平均每8d可更新一次，河水平均每16d更新一次，海洋更新周期较长，大约是2 500年，而极地冰川的更新速度则更为缓慢，更替周期可长达万年。

（三）有限性

水资源处在不断的消耗和补充过程中，具有恢复性强的特征。但实际上全球淡水资源的储量是十分有限的。全球的淡水资源仅占全球总水量的2.5%，大部分储存在极地冰帽和冰川中，真正能够被人类直接利用的淡水资源仅占全球总水量的0.8%。可见，水循环过程是无限的，水资源的储量是有限的。

① 刘陶. 经济学区域水资源管理中的实践［M］. 武汉：湖北人民出版社，2014.

（四）时空分布的不均匀性

由于受气候和地理条件的影响，在地球表面不同地区水资源的数量差别很大，即使在同一地区也存在年内和年际变化较大、时空分布不均匀的现象，这一特性给水资源的开发利用带来了困难。如北非和中东很多国家（埃及、沙特阿拉伯等）降雨量少、蒸发量大，因此，径流量很小，人均及单位面积土地的淡水占有量都极少。相反，冰岛、厄瓜多尔、印度尼西亚等国，以每公顷土地计的径流量比贫水国高出 1 000 倍以上。在我国，水资源时空分布不均匀这一特性也特别明显。由于受地形及季风气候的影响，我国水资源分布南多北少，且降水大多集中在夏秋季节的三四个月里，水资源时空分布很不均匀。

（五）多态性

自然界的水资源呈现多个相态，包括液态水、气态水和固态水。不同形态的水可以相互转化，形成水循环的过程，也使得水出现了多种存在形式，在自然界中无处不在，最终在地表形成了一个大体连续的圈层——水圈。

（六）环境资源属性

自然界中的水并不是化学上的纯水，而是含有很多溶解性物质和非溶解性物质的一个极其复杂的综合体，这一综合体实质上就是一个完整的生态系统，使得水不仅可以满足生物生存及人类经济社会发展的需要，同时也为很多生物提供了赖以生存的环境，是一种环境资源。

二、水资源的社会属性

（一）公共性

水是自然界赋予人类的一种宝贵资源，它是属于整个社会、属于全人类的。社会的进步、经济的发展离不开水资源，同时人类的生存更离不开水。获得水的权利是人的一项基本权利。2002 年 10 月 1 日起施行的《中华人民共和国水法》第三条明确规定：“水资源属于国家所有，水资源的所有权由国务院代表国家行使。”第二十八条规定：“任何单位和个人引水、截（蓄）水、排水，不得损害公共利益和他人的合法权益。”

（二）多用途性

水资源的水量、水能、水体均各有用途，在人们生产生活中发挥着不同的功能。人们对水的利用可分为三类，即：城市和农村居民生活用水；工业、农业、水力发电、航运等生产用水；娱乐、景观等生态环境用水。在各种不同的用途中，消耗性用水与非消耗性、低消耗性用水并存。不同的用水目的对水质的要求也不尽相同，使水资源具有一水多用的特点。

（三）商品性

水资源也是一种战略性经济资源，具有一定的经济属性。长久以来，人们一直认为水是自然界提供给人类的一种取之不尽、用之不竭的自然资源。但是随着人口的急剧膨胀，经济社会的不断发展，人们对水资源的需求日益增加，水对人类生存、经济发展的制约作用逐渐显露出来。人们需要为各种形式的用水支付一定的费用，水成了商品。水资源在一定情况下表现出了消费的竞争性和排他性（如生产用水），具有私人商品的特性。但是，当水资源作为水源地、生态用水时，仍具有公共商品的特点，所以它是一种混合商品。

（四）利害两重性

水是极其珍贵的资源，给人类带来很多利益。但是，人类在开发利用水资源的过程中，由于各种原因也会深受其害。比如，水过多会带来水灾、洪灾，水过少会出现旱灾；人类对水的污染又会破坏生态环境、危害人体健康、影响人类社会发展等。正是由于水资源的双重性质，在水资源的开发利用过程中尤其强调合理利用、有序开发，以达到“兴利除害”的目的。

第四节 水问题现状及其影响

一、当今世界所面临的三大水问题

当今世界所面临的水问题可概括为三个方面：干旱缺水（水少）、洪涝灾害（水多）和水环境恶化（水脏）。这三个方面不是完全独立的，它们之间存在着一定的联系，往往在一个问题出现时，也伴随其他问题产生。如我国西北地区石羊河流域，由于中上游地区对水资源的大量开发导致下游民勤盆地来水量锐减，这又引起当地对地下水资源的过度开采、重复利用，地下水的多次使用、转化引起水体矿化度增高、耕地盐碱化加重等水环境问题。下面对这三大水问题分别进行说明：

（一）干旱缺水，是当今和未来主要面临的水问题之一。一方面，由于自然因素的制约，如降水时空分布不均和自然条件差异等，导致某些地区降雨稀少、水资源紧缺，如南非、中东地区以及我国的西北干旱地区等；另一方面，随着人口增长和经济发展，对水资源的需求量也在不断增加，从而出现“水资源需大于供”的现象。

（二）洪涝灾害，是水问题的另一个对立面。由于水资源的时空分布不均，往往在某一时期，世界上许多地区干旱缺水的同时，在另一些地区又出现因突发性降水过多而形成洪涝灾害的现象，这也是地球整体水量平衡的一个反映。此外，由于全球气候变化加上人类活动对水资源作用的加剧，导致世界上洪涝灾害发生的因素在宏观上是逐步加强的，洪水造成的危害也在增强。近年来，全球范围内的洪涝灾害时有报道。可以肯定，随着都市化的迅速发展，城市洪灾对经济社会发展带来的负面影响和潜在威胁将日益加重和扩大。

（三）水环境恶化，是人类对水资源作用结果最直接的体现，也是三大水问题中影响面最广、后果最严重的问题。随着经济社会的发展、都市化进程的加快，排放到环境中的污水、废水量日益增多。据估计，2000 年前后世界每年有超过 420km^{3}的污水排入江河海湖，污染了 5 500km^{3}的淡水，约占全球径流总量的 14%以上，并且随着今后的发展，这个数值还会增加。水环境恶化，一方面降低了水资源的质量，对人们身体健康和工农业用水带来不利影响；另一方面，由于水资源被污染，原本可以被利用的水资源现在失去了使用价值，造成“水质型缺水”，加剧了水资源短缺的矛盾。

要解决当今世界所面临的三大水问题，首先，要加强水资源科学问题的研究，为科学解决水问题提供理论依据；其次，需要全人类的广泛参与，加大水资源的投资，尽量避免水问题的发生；最后，要加强水资源规划与管理的力度，确保所制订的水资源规划全面、翔实、具有前瞻性，并考虑经济社会发展与生态环境保护相协调；确保水资源管理落到实处，使水资源得以合理开发、利用和保护，防止水害，充分发挥水资源的综合效益。

二、我国面临的水问题

我国地处中纬度，受气候条件、地理环境及人为因素的影响，曾经是一个洪涝灾害频繁、水资源短缺、生态环境脆弱的国家。新中国成立后，水利建设工作取得了很大的进展，初步控制了大江大河的常遇洪水，形成了 6 107.2 亿 m^3（2011 年统计数据）的年供水能力，有效灌溉面积从 2.4 亿亩扩大到 9.25 亿亩（2011 年统计数据）。但在很多地区，水的问题仍然是限制区域经济和社会可持续发展的瓶颈。从全国范围看，我国面临的水问题主要有以下三方面：①

一是防洪标准低，洪涝灾害频繁，对经济发展和社会稳定威胁较大。20 世纪 90 年代

① 毛春梅. 水资源管理与水价制度［M］. 南京：河海大学出版社，2012.

至21世纪初，我国几大江河发生了六次比较大的洪水，损失近9 000亿元。特别是1998年发生在长江、嫩江和松花江流域的特大洪水，造成全国29个省（自治区、直辖市）农田受灾面积2 229万 hm^2，死亡4 150人，倒塌房屋685万间，直接经济损失2 551亿元。2011年全国有260多条江河发生超警戒线洪水，钱塘江发生1955年以来的最大洪水，汉江上游、嘉陵江、黄河泾洛渭流域同时发生严重秋汛。总体来看，近年来，国家加大了对防洪工程的投入，一些重要河流的防洪状况得到了很大改善，然而从全国范围来看，防洪建设始终是我国的一项长期而紧迫的任务。

二是干旱缺水日趋严重。按照目前正常用水需求同时又不超采地下水的前提下，全国年缺水总量约为400亿 m^3。农业、工业以及城市都普遍存在缺水问题，尤其以农业缺水最为严重。早在20世纪70年代，我国农田年均受旱面积为1.7亿亩，到20世纪90年代增加到4亿亩，农业年缺水量达到300亿 m^3左右。2000年全国大旱，两季累计受旱面积3 300万 hm^2，成灾面积2 700万 hm^2。绝收面积600万 hm^2，2011年，北方冬麦区、长江中下游和西南地区连续出现三次大范围严重干旱。城市和农村生活用水也受到水资源短缺的严重影响。目前农村有3 000多万人饮水困难，1/4人口饮用水达不到国家饮用水卫生标准；全国663个城市中，有400多个出现供水不足的现象，其中近150个城市严重缺水，日缺水量达1 600万 m^3。可见，干旱缺水严重制约了我国经济社会尤其是农业的稳定发展，影响到人类的生活质量和城市化发展。

三是水环境恶化。近些年，我国水体的水质状况总体上呈恶化趋势。1980年全国污废水排放量为310多亿 m^3，1997年为584亿 m^3，2011年为807亿 m^3。受污染的河流也逐年增加，在2011年全国水资源质量评价的约18.9万km河长中，水质VI类及以下的河流占45.8%。全国90%以上的城市水域受到不同程度的污染。此外，土壤侵蚀，河流干枯断流，河湖萎缩，森林、草原退化，土地沙化，部分地区地下水超量开采等诸多问题都严重影响了水环境。

随着未来人口增加和经济发展，我国的水问题将更加突出。总体来看，造成我国水问题严峻形势的根源主要有两个方面：

一是自然因素，这与气候条件的变化和水资源的时空分布不均有关。在季风气候作用下，我国降水时空分布不平衡。在我国北方地区，年降水量最少只有40mm，最多也仅600mm。而长江流域及其以南地区，年降水量均在1 000mm以上，最高超过2 000mm。气候变化对我国水资源的年际变化产生很大影响，从长期气候变化来看，在近500年中，我国东部地区偏涝型气候多于偏旱型，而近百年来洪涝减少，干旱增多。在黄河中上游地区，数百年来一直以偏旱为主。

二是人为因素，这与经济社会活动和人们不合理地开发、利用和管理水资源有关。目前我国正处于经济快速增长时期，工业化、城市化的迅速发展以及人口的增加和农业灌溉面积的扩大，使得水资源的需求量不可避免地迅猛增加。长期以来，由于水资源的开发、利用、治理、配置、节约和保护不能统筹安排，不仅造成了水资源的巨大浪费，破坏了生态环境，还加剧了水资源的供需矛盾。突出表现为：

（一）流域缺乏统一管理，上下游同步开发，造成用水紧张，同时下游由于来水减少而导致河道萎缩甚至干涸。如西北内陆区塔里木河下游约300km河道干涸；黄河于1978年出现断流，20世纪90年代几乎年年断流（仅1997年就累计断流226天），这都是由于中游地区用水量加剧，无节制引水所造成的。

（二）过度开采地下水，造成地下水资源枯竭。地下水是我国北方地区的重要水源，然而由于经济发展导致对地下水开采的迅猛增加，从而引发了一些负面影响的产生，如海水入侵、地下水质恶化、城市地面沉降等。

（三）水资源浪费严重。目前，我国一些地区的农业灌溉仍采用漫灌、串灌等十分落后的灌溉方式，2000年农业用水平均有效利用系数仅为0.4左右，2011年提高到0.51，而发达国家已实现了农田的喷灌、滴灌化和输水渠道的管道化，水资源利用系数达到0.7~0.8。同时，由于水价偏低，城市居民节水意识较差，因此造成城市生活用水浪费十分严重，其中仅供水管道跑冒滴漏损失的水资源量就占总供水量的20%以上。

（四）污废水大量排放，造成水资源污染严重。随着经济社会的迅速发展，工业和城市的污废水排放量增长很快，而相应的污水处理设备和措施往往跟不上，从而造成对水资源的严重污染，导致有水不能用，即出现“水质型缺水”。如，淮河流域、海河流域、长江三角洲和珠江三角洲的一些缺水地区就属于这种类型缺水。

（五）人类活动破坏了大量的森林植被，造成区域生态环境退化，水土流失严重，洪水泛滥成灾。一方面，造成了河道冲沙用水量增加；另一方面，又使一部分本可以成为资源的水，却以洪水的形式宣泄入海，极大地降低了可用水资源的数量。

三、水问题带来的影响

水资源短缺、洪涝灾害、水环境污染等水问题严重威胁了我国乃至世界范围内的经济社会发展，其造成的社会影响主要表现在以下几个方面：

（一）水资源短缺会给国民经济带来重大损失

目前，我国水资源短缺现象越来越严重，尤其是北方地区，水资源的开采量已接近或超过了当地的水资源可利用量。目前，全国每年因缺水造成的直接经济损失达2 000亿元，仅胜利油田1995年因黄河断流造成的减产损失就达30亿元。同时，水资源短缺又引起农业用水紧张，北方地区由于缺水而不得不缩小灌溉面积和有效灌溉次数，致使粮食减产，干旱缺水成为影响农业发展和粮食生产的主要制约因素之一。

（二）水资源问题将威胁到社会安全稳定

自古以来，水灾就是我国的众灾之首，“治国先治水”是祖先留下的古训。每次大的洪水过后，不仅造成上千亿元的经济损失，还给灾区人民的生产生活造成极大的破坏，使他们不得不再次体会重建家园的艰辛。同样，水环境质量变差也会危及人民的日常生活稳定，在20世纪90年代汉江中下游曾发生了三次严重的“水华”事件，不仅给沿岸自来水厂造成上百万元的经济损失，还直接危及中下游地区城市居民的供水安全。1991年由国际水资源协会（IWRA）在摩洛哥召开的第七届世界水资源大会上，曾提出了“在干旱或半干旱地区，国际河流和其他水源地的使用权可能成为两国间战争的导火线”的警告。在几次中东战争中，军事双方都曾出现以摧毁对方供水系统为作战目标。可以说，水问题的每一方面都与社会的安全稳定息息相关。

（三）水资源危机会导致生态环境恶化

水不仅是经济社会发展不可替代的重要资源，同时也是生态环境系统不可缺少的要素。随着经济的发展，人类社会对水资源的需求量越来越大，为了获取足够的水资源以支撑自身发展，人类过度开发水资源，从而挤占了维系生态环境系统正常运转的水资源量，结果导致了一系列生态环境问题的出现。例如，我国西北干旱地区水资源天然不足，为了满足经济社会发展的需要，当地盲目开发利用水资源，不仅造成水资源的消退，加重水资源危机，同时使得原本十分脆弱的生态环境更进一步恶化，天然植被大量消亡、河湖萎缩、土地沙漠化等问题相继出现，已经危及人类的生存与发展。目前，水资源短缺与生态环境恶化已经成为制约部分地区经济社会发展的两大限制性因素。

综上所述，我国水资源所面临的形势非常严峻。造成如此局面的原因，一部分是自然因素，与水资源时空分布的不均匀性有关；另一部分是人为因素，与人类不合理地开发、利用和管理水资源有关。如果在水资源开发利用上没有大的突破，在管理上没有新的转变，水资源将很难满足国民经济迅速发展的需要，水资源危机将成为所有资源问题中最为突出的问题，它将威胁到我国乃至世界经济社会的可持续发展。

第五节 水资源开发可持续发展

一、水资源可持续利用的思考

发展是人类社会永恒的主题。只有社会经济持续发展才能创造丰富的物质财富和高度的精神文明。当今实现持续发展的物质基础之一，水及其环境受到严峻的挑战，水资源短缺、水环境污染及洪涝灾害严重威胁和制约着人类可持续发展的潜力。世界水资源研究所认为，全世界有26个国家约2.32亿人口已经面临缺水，另有4亿人口用水的速度超过了水资源更新的速度，世界上约有1/5人口得不到符合卫生标准的淡水。世界银行认为，占世界40%的80多个国家在供应清洁水方面有困难。在世界上，水污染每年致死2 500万人（其中主要是发展中国家），传播最广泛的疾病中的半数都是直接或间接通过水传播的。我国作为全球13个贫水国之一，承受的缺水压力是巨大的，同时，我国还是一个洪涝灾害频发的国家，常年面临着洪涝危害，1998年长江、松花江、嫩江大水使人难以忘却，损失破坏严重。摆在社会经济发展面前日益严重的水资源问题，已成为制约发展的要素。如何处理人与水、经济与水、社会与水及发展与水的关系，不仅是技术问题，更是社会和伦理问题。认清产生问题的原因是必要的，采取辩证积极的态度处理问题，克服发展中的困难和与水资源环境的冲突，才可达到人类社会与自然的和谐，才可实现人类社会的可持续发展。

（一）水资源危机发生的必然性

长期以来，人们普遍认为水资源是天赐之物，取之不尽，用之不竭，甚至随意开采，任凭使用和浪费。在我国近30年的时间里，就经历了供大于需、供需基本持平到供小于需的水资源危机过程。从当前看，水资源危机不仅没有缓解，还呈现出更加严峻的趋势。水资源危机的产生，与水资源量及时空分布较之社会经济发展不相平衡有关，更与人们开发利用和管理水资源的指导思想、政策和措施有必然的因果联系。在我国引发水资源危机的原因和类型可归纳为：1. 由于人口、工业、商贸经济、旅游娱乐等发展需水超过了水资源及其环境的承受能力，造成资源匮乏型缺水；2. 随着社会经济建设迅速发展，各项建设活动和人流、物流等的加速运转，而缺乏对用水活动的有效管理，各种废污水随着用水增加而剧增，并随着用水种类的多样化而日趋复杂，水环境污染严重，破坏了水资源产生和存在的空间，造成水污染型缺水；3. 在一些平原地区，由于地表水不足，地下水埋藏较深，水质欠佳，优质淡水埋藏较深，补给更新慢，储量有限，构成缺乏合格供水水质型缺水；4. 在一些中小城市，由于开源供水工程或给水管网配套设施建设不足，造成因供水工程不足型缺水；5. 在开发利用水的历史中，水的管理常被理解为管理河湖水和已建供水工程，需水被认为是不可改变的，管理主要是寻找水源和建设新的供水工程，扩大供水成为追求的目标，缺水时不首先从开发利用水的行为中寻找原因和解决问题的办法，也不太注重水资源的存在价值和使用价值，缺乏有力的按市场经济规律运作水资源的战略措施，造成盲目开采、用水浪费、环境污染，从而引发重开源、轻节流、重污染、弱管理型缺水。

综上所述，今天日益严重的缺水危机，无论是因自然、工程、社会经济原因引起，还是由于社会经济规模超过了水资源及其环境的承载能力，核心问题是在社会经济建设与发展中，忽视水资源条件的限制性作用，忽视对水的有效管理，忽视水资源—经济—社会—环境的协调，忽视水源—供水—用水—排水及水处理回用间的系统性、循环性和相互激励性关系。由于这些自然和人为的因素，使得社会经济发展到一定程度时发生水资源危机成为必然现象。

（二）对水资源环境与人类关系的认识

水资源具有可再生性与有限性，时空分布不均与广泛社会多功能性，同时，水资源与其相互依存的自然环境，更有易破坏、较脆弱的特性。水资源不仅与日益增长的人类需水存在矛盾，还受到自然环境和人的行为的限制和影响，没有良性循环的自然环境，就不可能有可供持续开发利用的水资源，也就不会有持续发展的人类社会，所以，水资源、自然环境、人类社会在存在与发展关系上，是有机的辩证统一体。今天面临的诸多水环境问题、水社会问题，水成为制约人类和社会生存发展的关键性要素问题就是忽略了对这一辩证统一体的正确认识和合理处理。

在人与水的关系认识上，人们的注意力和着眼点仍是更多地放在开源上，努力寻求如何满足人类日益增长的用水要求，忽视水资源及其相互依存的自然环境的客观容纳能力、运移变化规律，开发利用水资源既缺乏对资源环境成本的重视，也忽视对环境、社会、经济综合效益的协调处理。发生缺水时，也多不从供、用水行为中寻找原因，寻求解决问题的办法，导致破坏了资源环境系统与人类社会生活生产系统的和谐。

水资源开发利用上存在的问题，在很大程度上是受工业时代与人类对自然规律认识的局限性，而导致的行为盲目性，过高地估计了技术、经济的能力所致，没按客观事物生存发展的规律办事，没有认识、协调好人、经济、社会与资源、环境间的系统性、整体性及有机性的关系。

在我们重新审视生命之源——水时，围绕自然与水、人与水、生产与水、经济与水、社会可持续发展与水，由单一关系向多元化转变，由依赖转向制约，就必须探讨其间的辩证关系，从思想观念到理论技术，到人类社会的行为模式，总结出一条人与自然、人与社会、人自身行为间和谐地相依相伴、相生相长的资源环境可持续开发利用与经济建设和社会可持续发展的道路。

（三）思辨关系的转变

国民经济建设与社会发展是人类永恒的主题。当代和后代，穷国和富国，穷人和富人都需要发展，如何发展是摆在世人面前的严峻课题。但有一点是清楚的，那就是必须革除发展的“资源高消耗、环境高污染、人类高消费”的模式。人类社会的发展应纳入“资源—社会—经济—环境”这个开放复合系统中，把资源环境的承载能力和可持续利用潜力作为这个系统的约束机制，人的思想观念、经济技术能力是保障和促使整个系统如何协调运行，并给人类的生存发展创造更多的财富，提高人类的生活生产质量的动力。

在人与自然的关系上，要适当立法，即人类在了解掌握自然规律之后，为了改造自然，使自然按照人的目的有序地进行而建立某种体系和评价原则。在立法中应遵循天道原则、人道原则、自然与人类和谐的原则。天道原则指人的立法活动应有利于维护自然演化的正常秩序，而不是导致和促使其恶性循环，应有利于保持自然系统的稳定进化，而不是引起和加剧其突变和退化；人道原则指人为自然立法活动应着眼于人类社会的整体利益与长远利益，遵循人类社会持续发展进步的必然要求和客观规律，合乎人道主义精神；自然与人类和谐原则指人在为自然立法过程中，不仅要同时兼顾自然界和人类社会各自的发展规律，而且要遵循自然与人类的共同规律和相互作用机制。人的一切行为都要维护和促进自然与人类关系的和谐。

水作为人类所必需而不可替代的自然资源，从水资源与国民经济建设与社会发展的关系看，既要保障水资源开发利用的有效性、连续性和持久性，又要使开发利用满足国民经济建设和社会发展的需求，两者必须相互协调。没有可持续开发利用的水资源及其良性存在的自然环境，就无从谈及国民经济和社会的持续、稳定、健康发展。相应地，国民经济和社会的发展以牺牲环境、耗竭资源为代价，在经济社会发展的同时，不提高和深化人们的思想观念和规范人类的行为，不用先进的理论技术指导开发利用资源环境的战略和措施，则会反作用于水资源及其自然环境系统，影响甚至破坏水资源开发利用的可持续性。因此，必须十分注意水资源环境与人、经济、社会之间存在的互馈影响和钳制作用。

（四）解决水资源危机是人类社会发展的紧迫任务

缺水势必严重影响粮食生产、工业发展、人民生活和社会稳定，以及环境卫生状况。国民经济建设与发展每上一个台阶都必须有安全的用水作为支撑，否则，不仅不能实现发展，还会影响和破坏原有已经取得的成效，“不进则退，不用则废”的基本规则，同样适用于水对社会经济建设与发展的保障作用。

到2030年我国人口将达到16亿，人均占有水资源量会减少1/5。在今后几十年里我国经济增长仍将处于快速发展期，到21世纪中叶，国民生产总值要增长10倍以上，城市和工业需水必将大幅度增长，同样废污水排放量也将增加。若不能采取十分有效的措施解决水问题（包括人水冲突、社会经济发展与水冲突、生态环境恶化的水冲突等），水资源环境局势将会更加严峻。同时，还应看到，在这些冲突矛盾中，人、社会、环境建设总是处于次要的地位、被动的地位，人、社会、环境离不开水，水可以离开社会、环境、人。人类历史经验证明，在处理与水的关系问题上，运用“征服”和“战胜”总是不恰当的，事后的“惩罚”常是根本性的破坏，使多年的建设成就毁于一旦，并使人类陷入更难实现发展的泥潭。水污染、用水浪费、计划经济体制下建立起来的僵化的水管理体制等问题，都与人总把自己放在冲突矛盾的主要地位有关，而难以达到人与水、与自然的和谐境界。

（五）实施可持续发展战略是解决水资源危机、保障人类社会实现持续发展的有力途径

当今人类面临的人口增长、资源消耗、环境污染、粮食生产和工业发展等全球性问题，罗马俱乐部发表了题为《增长的极限》的报告，认为地球的支撑力将会在21世纪某个时段内达到极限，经济增长将发生不可控制的衰退，其避免和解决的最好方法是限制增长，即“零增长”。爱德格尔从哲学的角度认为，现代技术是对人的本质的异化，技术将人与自然的多样性联系给抹杀了，技术将自然变成单一的、功能化的物质，使得人远离自然，使人自己丧失了人本质的多元性。马尔库赛从社会科学史角度认为，现代技术已成为科学的形式，使西方陷入“单向度”社会、人。罗蒂从文化角度认为，科学是后神学时期的产物，自然科学取代宗教而成为当代人的文化中心。上述现代西方科技思潮对人在自然系统中的作为的评价，虽有些悲观和偏激，但也不能不引起人类的反思，养育人类的自然为什么成了限制人类发展的根本性因素，人应如何辩证地看待自己的发展，选择自己的发展，应如何辩证、积极地处理与自然的关系。

蕾切尔·卡逊（Rechel Karson，1962）在著名的《寂静的春天》一书中向世人呼吁：

“我们长期以来行驶的道路，容易被误认为是一条可以高速前进的平坦、舒适的超级公路，但实际上，这条道路的终点却潜伏着灾难，而另外的道路则为我们提供了保护地球的最后唯一的机会。”这“另外的道路”，由布伦特兰夫人（G. H. Brundland，1987）在代表WCED向联合国大会提交的《我们共同的未来》中给予了明确回答，即“可持续发展道路”。

1992年6月UNCED大会通过的《地球宪章》（《21世纪议程》），更是人类把环境与发展关系的认识提高到了一个崭新的阶段，大会认为，人类高举可持续发展旗帜，走可持续发展道路，是人类跨向新的文明时代的关键性一步。

对解决全球性资源危机，既要认识到问题的严重性，也应保持谨慎乐观的态度。正如甘哈曼针对罗马俱乐部的悲观观点认为，要认识历史，要预测未来的历史，应采取历史外推的方法，人类的资源在人自己，需要我们加以保护，有序开采。1996年《国际水资源及环境研究大会：面向21世纪的挑战》提出了有共识的四个基本准则，即：可持续发展；生态质量；考虑宏观尺度系统的影响；考虑变化了的自然和社会系统。因而，实施水资源可持续利用战略是解决水资源危机的有效道路，是革除水资源高消耗、环境高污染、人类高消费、发展高障碍的有力途径。正如马克思和恩格斯指出的：“每一次划时代的科学发现，都改变了人们认识和改造世界的世界观和方法论。”人类与水的关系认识及处理的科学技术方法，概不例外。

在水资源开发利用中，应该做到水资源开发利用、环境保护和经济增长、社会发展协调一致；水资源及其依存的自然生态系统，对国民经济建设和社会发展的承载能力是维持水资源供需平衡的基础，是制定水资源开发利用战略措施的出发点和着眼点；水资源的开发利用措施和管理办法，必须保障自然生态系统的良性循环和发展；必须运用系统科学的方法研究水资源—经济—社会—环境复合系统，并用动态的、辩证的观点研究这个开放复合系统的变化规律。

回顾近年来我国在解决缺水问题上，经历了“开源为主、提倡节水”“开源与节流并重”“开源、节流与治污并重”以及在南水北调工程上朱镕基总理强调“务必做到先节水后调水、先治污后通水、先环保后用水”等几次战略性调整，都对解决各时期出现的水资源短缺问题起到了方向性指导作用，并对今后开发利用水资源具有借鉴意义。就当前提出“基本稳定农业用水，新增工业用水的一半靠节水来解决，适当增加生活用水”的用水管理目标来看，今后用水量会有所增加，但是不会加剧水资源危机，除我国已开始实施水资源可持续利用战略措施外，还加大了对水环境的治理力度，并在全国布局南水北调工程东线、中线、西线三条调水线路与长江、黄河、淮河和海河相互连接的“四横三纵”总体格局，都会极大地提高水资源的开发利用潜力，增强水资源可持续利用调控能力。据柯礼聃分析："预计到下世纪中叶，我国人口达到高峰前后，全国用水总量将出现零增长或负增长。"

二、水资源可持续利用管理战略与措施

针对我国水资源短缺和造成水资源短缺的原因，应从思想上加强对水资源可持续利用重要意义的认识，构建适应新时期水资源管理的路线、方针、政策及管理战略和措施方法，以解决缺水和提高水资源利用效率。

（一）建立水权明晰、运作符合市场经济规律的水市场

考虑到水及涉水事务广泛复杂的自然与社会属性，可将水权的内涵与国家其他法规相衔接为宜，尤其是与民法相一致。水权即水资源的所有权，包括占有权、使用权、收益权、处分权四项权能。占有权指对财产实际控制。根据《中华人民共和国水法》（以下简称《水法》）精神，占有权可定义为国家对水资源的实际控制权，农业集体经济组织的水塘和农村集体经济组织修建管理的水库中的水，归各农村集体经济组织使用。使用权指合法对水资源的性能的使用。处分权指合法处置水资源的法律地位的行为。依据我国《水法》《取水许可和水资源费征收管理条例》，水资源的处分权只属于国务院水行政主管部门，所以在社会经济生活中，水资源的权利主体是国家，国家行使占有权和处分权，开发利用水资源的单位或个人只能行使合法的使用权和收益权，并受水行政主管部门的监督管理。

建立水市场的思路主要着眼于建立合理的水分配利益调节机制，以产权改革为突破口，建立合理的水权分配和市场交易经济管理模式（胡鞍钢、王亚华，2000），实现水资源有效管理的途径就是政府宏观调控、民主协商和水市场调节（汪恕诚，2000）。运用市场经济对价格的调节功能，合理确定水价，发挥水价在合理配置资源和促进高效节约利用中的作用，只有建立包括水权市场和商品水市场的水市场，买卖转让水使用权，以及商品水，才能使水在地区间、用户间合理转让流动，通过各种措施节约的水，在水市场获得应得的利益，并使各类水得到应有的市场，同样，浪费水应得到损失，才能实现"节水是一场革命"的真正目的和作用。①

① 刘贤娟，梁文彪. 水文与水资源利用［M］. 郑州：黄河水利出版社，2014.

（二）实施水务纵向一体化管理模式，使社会经济用水行为与水的自然循环规律相协调

借鉴国际上水务管理的先进经验，根据我国的社会水情，建立符合社会主义市场经济规律的水务纵向一体化管理模式，建立城乡水源统筹规划，从供水、用水、排水，到节约用水、污水处理、污水处理再利用，水源保护全过程管理体制，才能把水资源开发、利用、治理、配置、节约、保护有效地结合起来，实现水资源管理上的空间与时间的统一、质与量的统一、开发与治理的统一、节约与保护的统一，实现水资源环境的可持续利用，实现开发利用水资源与水资源环境的协调发展。实施水务纵向一体化管理模式，在我国的深圳、上海等城市已取得了明显成效。

但是，应认识到水务纵向一体化的管理模式在水资源的所有权管理上，实行的是“一家管水，多家治水，合法经营，合理盈利，保障供给，促进发展”。而水资源的占有权、处分权属国家授权的水行政主管部门，在其监督管理下，单位或个人均具有依据合法的使用权，从事经营供水、用水，合理排水和经营水处理、水处理再利用，以及治理和保护水资源环境的权利和义务。杜绝任何单位或个人，借用水务纵向一体化管理优势，对水务市场实行垄断，使社会用水和水环境陷入更不利的局面。这也是水市场只能是“准市场”的原因之一。

（三）开放的水务融资市场是解决缺水和促进水务事业兴旺发展的重要途径

城市缺水中多数属设施型缺水和污染型缺水，这与投资不足、资金缺口大有很大关系。长期以来，我国的供水行业和水处理是由政府投资，政府包办，即“官督官办”的方式运作，投资跟不上快速发展的用水和水处理要求，设施建设维护改造资金困难，并由于处于无竞争的垄断状态，管理处于低效是客观实情。因而通过水务纵向一体化管理，在政府宏观指导下放开水资源的使用权和收益权，给水权合理定价和建立商品水的价格及其价格形成机制，使供水和水处理、再生水回用、给排水设备设施制造等企业的行为按现代企业管理体制进行，引入其他投资，多种经济成分参与运作管理，尤其是引入竞争机制，这对水市场的建立和提高水行业服务、管理水平会起到极大的促进作用。

纽约投资策略专家贝尔-斯蒂尔内斯把水称为“21 世纪最好的投资领域”。世界水资源委员会也呼吁“全世界必须积极地以私营化来解决世界水资源危机”。据估计，水的全球市场价值高达 6 000 亿美元。所以，在国家投入的同时，可借鉴国外建立属于金融证券形式的“投资基金”，进行直接融资。同时，通过股票市场融资也是切实可行的。例如，

目前在我国股票市场上以供水、水处理及给排水设备设施为主营业务的股票就有：原水股份、南海发展、环保股份、凌桥股份、龙净环保、武汉控股、钱江水利等，2000 年平均业绩约为每股收益 0.215 元，业绩优良，反映出在水务事业中蕴含的极大商机，也为筹集资金提供了更广阔的市场。

1995~1999 年，先后在南昌、沈阳、天津、成都等地，通过引入外资投入城市供水行业，解决了资金缺乏、促进了管理。实施的是相互持股的战略联盟形式。但应注意到其结算方式均为合同约定包销水量，以保证外方收益。这一做法虽然能加快筹资，中外双方比较容易进入合作状态，而在水价不到位、国内供水投资回报率普遍较低（不足 6%）时，将外商投资回报率定得太高（沈阳、南昌为 10%~18%，天津为 15%），不仅会造成不公平竞争，还会造成为保证外方收益而损害中方企业利益的问题，这不符合相互持股结成经营战略联盟的原则。这是在融资中应注意研究的如何获得双赢的问题。

可见，以政府为主，拓宽融资渠道，对建立起可持续的水务运行资金，对城市水务各项事业发展是很重要的，也是可行的。

2002 年，上海成立了注册资本为 90 亿元的上海水务资产经营发展公司，同时，深圳市政府牵头组建了规模达 50 亿元的大型水务集团。2003 年，北京首创也宣布成立注册资本为 40 亿元的大型水务集团。伴随着大型水务集团的建立，民营企业异常活跃地出现在中小城镇水务市场上。

（四）节流优先、治污为本、多方开源是保障水资源可持续利用的重要战略举措

我国水资源利用效率普遍不高是不争的事实，以致出现“节水的潜力到底有多大”“城市是缺水，还是缺乏节水的办法”等疑问。在水资源的开发利用过程中，应把节水能力建设和污水处理回用视作比供水能力建设更重要，且应将其放在与水源建设同等重要的地位。这不仅是由于水源有限所决定的，更是生存发展的必然要求，它还能促进提高供用水效益、促进产业结构调整、带动新兴产业的兴起和发展。节水也是开源，农业、工业、生活节水可增加新的用水，并减少水源取水量，污废水处理回用可作为新的供水水源。把节水和治污回用放到比新辟水源优先的位置是十分正确的。

在经济发展中，常出现他挣一百万，你拿一个亿去治理污染的案例。为了地方、部门，乃至个人利益而损害国家和子孙的事是应坚决惩治的，否则，社会就会陷入一片污水之中，还谈何持续发展。用水应走低消耗、高产出，环境良性循环才是社会经济生存发展之路。

（五）做到城乡用水互惠互利，实现共同发展

由于城区水源缺乏，农业供水水源转供城市是近 10 年来的发展趋势，当前城市新增的水源主要靠它。但决不能因此伤农，削弱农业的基础产业地位。而农业用水浪费大，其节水潜力大是优势，农业产出效益低、基础薄弱又是事实。农业水源转供城市只能建立在农业节水的前提下，转移供水，首先水权应受益，其次转供城市的水要靠农业节水，节水就需要投入，资金从何来，因而将农业用水转供城市后，应算清经济账，做到互惠互利，才可使水资源统一管理的政策、城乡水务一体化管理策略具有可操作性，才符合国家的水利发展产业政策，符合水利部、财政部、国家计划委员会《占用农业灌溉水源、灌排工程设施补偿办法》（1995 年 11 月 13 日水利部、财政部、国家计划委员会水政资〔1995〕457 号通知发布）的规定。

（六）运用综合措施，保障水资源可持续利用

在可持续利用的战略与措施的运作机制上，法律法规是根本，组织是保障，科技是手段，经济是核心，宣传教育是基础。五者相互联系，综合作用才能促进水资源可持续发展利用。目前要转变人们的用水思路和行为模式，应将五者有力地结合起来，理顺水管理体制，实行一家管水、多家治水、合法经营、合理盈利、保障供给、促进发展，并充分发挥水价在调节水资源供求关系中的杠杆作用，建立全成本水价核算体系和调整机制，使利用水的内部成本和外部成本在水价中得到合理反映，并通过包括水价在内的各项管理水及其环境的经济措施，促使水资源可持续利用指导思想、管理战略和措施的实现。

水资源危机是人类进入 21 世纪面对的严峻全球性问题之一，我国作为全球最缺水国家，缺水对社会经济发展带来的压力是巨大的，解决问题的出路在于摆正人与水、社会经济与水、发展与水的辩证关系，全面实施可持续开发利用战略。本章结尾之时，借用海涅的一句话（《从慕尼黑到热那亚旅行记》，1928）“每一时代都有它的重大课题，解决了它就把人类社会向前推进一步”。我们这个时代出现的制约社会经济发展的水资源危机，在实施可持续发展战略方针指导下，依靠人的积极性和创造性，定能得到解决，并能保障人类社会实现可持续发展。

第二章　水文资料统计与水资源利用

水文资料是水文资料统计与分析计算的依据，因此本章首先探讨了水文资料的收集，在此基础上对水文统计与计算进行了更深层次的解析。在本章的最后，作者重点论述了水资源利用的重要工程：地表与地下水资源取水工程。

第一节　水文资料收集

收集水文资料可借助于水文年鉴、水文手册和水文图集、水文数据库等。

一、水文年鉴

水文资料的主要来源，是各水文测站观测和整编的资料。水文年鉴是按照统一的要求和规格并按流域、水系统编排卷册，逐年刊印的水文资料。我国所有基本水文站的水文资料，以水文年鉴形式逐年刊布。按大区或大流域分卷，每卷又依河流或水系分册，共分10卷74册。水文年鉴的正文部分有水位、流量、泥沙、水温、冰凌、降水量、蒸发量等资料。

如果需要使用近期尚未刊布的水文资料或查阅原始观测记录，可向有关流域机构或水文部门收集。水文年鉴中未刊布的专用站水文资料，需要时应向主管部门索取。

二、水文手册和水文图集

水文手册是汇集气象、水文要素资料，经过统计、分析和地区综合，将水文计算有关参数和特征值以图、表、公式等形式给出，供用户查算的实用手册。水文图集是表示各种水文要素和水文特征值时空分布的专业图集。各地区水文部门编制有地区水文手册和各种水文图集，它是在分析研究该地区所有水文站资料的基础上编制出来的，载有地区各种水文特征值等值线图及计算各种径流资料特征值的地区经验公式等。利用水文手册和水文图集可以估算缺乏实测水文观测资料地区的水文特征值。还有各水利水文部门编辑刊印的洪水调查资料、可能最大暴雨资料及水资源调查资料等，亦可供分析应用。①

随着暴雨洪水资料的增多和对暴雨洪水规律认识的不断提高，特别是1975年8月河南省特大暴雨洪水发生后，原水利电力部修订颁布了《水利水电枢纽工程等级划分及设计标准（试行）》《水利水电工程设计洪水计算规范（试行）》，原有的水文手册或水文图集已不能完全适应新的要求。因此，1978年在水利部统一部署下，全国各省（区）进行了资料整理和分析工作，在此基础上于20世纪80年代中期都编制了本省（区）的暴雨洪水图集或暴雨洪水查算手册，又可统称为暴雨径流查算图表。它包括了由暴雨计算设计洪水的一整套图及经验公式、经验参数等。各省（市、自治区）编制的暴雨径流查算图表在无实测流量资料系列的地区，可作为今后中小型水库（一般用于控制流域面积在1 000km^{2}以下的山丘区工程）进行安全复核及新工程设计洪水计算的依据。

多年来的实践表明，暴雨径流查算图表已达到满足推算设计洪水精度的要求，并已成为全国各地推算无资料地区中小型工程设计洪水的主要依据。

此外，1980—1985年和2000—2005年间，在全国范围内分别开展了第一次和第二次水资源的调查评价工作，编制出版了《中国水资源评价》。各大流域及各省（区）也都将水资源分析成果编印成册，主要载有本地区自然地理和气候资料，降雨、蒸发、径流、泥沙等水文要素的等值线图、水文特征值统计表等，可供无资料流域的年径流估算等查用。

水文资料数据库是按照一定的数据模型在计算机系统中组织、存储和检索的互相联系的水文数据集合。它是按照《国家水文数据库基本技术标准》建设的，是一项涉及多方面的现代化系统工程，它综合运用了水文资料整编技术、计算机网络技术和数据库技术，是集水文信息存储、检索、分析、应用于一体的工作方式和服务手段。通过水文数据库可随时为防汛抗旱、水利工程建设、水资源管理和水环境保护及国民经济建设与社会发展的各个领域快速提供直观、准确的历史及实时的水文资料。另外，利用水文数据库可以实现水文资料整编、校验、存储、处理的自动化，形成以网络传输、查询、浏览为主的全国水文信息服务系统。

第二节　水文统计与计算

在自然界和人类社会中存在着两类现象，第一类是指在一定条件下，事物在发展、变化中某种现象必定发生或必定不会发生，这类现象称为确定性现象，即必然现象。例如，

① 舒展，邸雪颖. 水文与水资源学概论［M］. 哈尔滨：东北林业大学出版社，2012.

在标准大气压下，水温达到100℃时，水会沸腾。另一类是指在一定条件下，事物在发展、变化中某种现象可能发生也可能不发生，称这类现象为随机现象，即偶然现象。例如，抛掷一枚硬币，有时正面朝上，有时反面朝上。对随机现象，在基本相同的条件下，重复进行试验或观察，可能出现各种不同的结果；试验共有哪些结果事前是知道的，但每次试验出现哪一种结果却是无法预见的，这种试验称为随机试验。每次试验不能预测其结果，这反映随机试验结果的出现具有偶然性；但如果进行大量重复试验，所出现结果又具有某种规律性。例如，抛掷硬币时出现正面或反面朝上，从表面上看杂乱无章，没有规律。但如果抛的次数逐渐增加到足够多，正面朝上与反面朝上出现的次数会趋近于1/2。这种通过对某一随机现象做大量的观测或试验揭示出来的规律称为统计规律。

水文现象是一种自然现象，它具有必然性的一面，也具有偶然性的一面。如汛期流域降雨量增加，河道水位就会上涨；枯季降雨量减少，河道水位就会下降。某地区的年降雨量的取值是随机的，事先无法确定，但某地区的多年平均降雨量是一个较稳定的数值，显示了年降雨量的统计规律。数学中研究随机现象统计规律的学科称为概率论，而由随机现象的一部分试验资料去研究总体现象的数字特征和规律的学科称为数理统计学。把概率论与数理统计的方法应用到水文分析与计算上称为水文统计。

在工程水文计算中，为了流域的开发与利用，最大限度地利用与保护水资源，必须了解和掌握水资源的规律，必须对未来可能产生的最大洪水、最小枯水的径流情势做出估计与预报，但因影响水资源的因素十分众多和复杂，目前还难于通过成因分析对水资源进行准确的长期预报。实际工作中采用的基本方法是对于水文实测资料进行分析、计算，研究和掌握水文现象的统计规律，然后按照统计规律对未来的水资源情势进行估计，数理统计方法显示出巨大的优越性。水文统计的任务就是研究和分析水文随机现象的统计变化特性，并以此为基础对水文现象未来可能的长期变化做出在概率意义下的定量预估，以满足工程规划、设计、施工以及运营期间的需要。

水文统计的基本方法和内容具体有以下三点：

（一）根据已有的资料（样本），进行频率计算，推求指定频率的水文特征值。

（二）研究水文现象之间的统计关系，应用这种关系延长、插补水文特征值和进行水文预报。

（三）根据误差理论，估计水文计算中的随机误差范围。

第三节 地表与地下水资源取水工程

取水工程是由人工取水设施或构筑物从各类水体取得水源，通过输水泵站和管路系统供给各种用水。取水工程是给水系统的重要组成部分，其任务是按一定的可靠度要求从水源取水并将水送至给水处理厂或者用户。由于水源类型、数量及分布情况对给水工程系统组成、布置、建设、运行管理、经济效益及可靠性有着较大的影响，因此取水工程在给水工程中占有相当重要的地位。

一、水资源供水特征与水源选择

（一）地表水源的供水特征

地表水资源在供水中占据十分重要的地位。地表水作为供水水源，其特点主要表现为：

1. 水量大，总溶解固体含量较低，硬度一般较小，适合于作为大型企业大量用水的供水水源；

2. 时空分布不均，受季节影响大；

3. 保护能力差，容易受污染；

4. 泥沙和悬浮物含量较高，常需净化处理后才能使用；

5. 取水条件及取水构筑物一般比较复杂。

（二）水源地选择原则

1. 水源选择前，必须进行水源的勘察。为了保证取水工程建成后有充足的水量，必须先对水源进行详细勘察和可靠性综合评价。对于河流水资源，应确定可利用的水资源量，避免与工农业用水及环境用水发生矛盾；兴建水库作为水源时，应对水库的汇水面积进行勘察，确定水库的蓄水量。

2. 水源的选用应通过技术经济比较后综合考虑确定。水源选择必须在对各种水源进行全面分析研究，掌握其基本特征的基础上，综合考虑各方面因素，并经过技术经济比较后确定。确保水源水量可靠和水质符合要求是水源选择的首要条件。水量除满足当前的生产、生活需要外，还应考虑到未来发展对水量的需求。作为生活饮用水的水源应符合《生活饮用水卫生标准》中关于水源的若干规定；国民经济各部门的其他用水，应满足其工艺要求。

随着国民经济的发展，用水量逐年上升，不少地区和城市，特别是水资源缺乏的北方干旱地区，生活用水与工业用水、工业用水与农业用水、工农业用水与生态环境用水的矛盾日益突出。因此，确定水源时，要统一规划，合理分配，综合利用。此外，选择水源时，还需考虑基建投资、运行费用以及施工条件和施工方法，例如施工期间是否影响航行，陆上交通是否方便等。

3. 用地表水作为城市供水水源时，其设计枯水流量的保证率，应根据城市规模和工业大用水户的重要性选定，一般可采用90%~97%。

用地表水作为工业企业供水水源时，其设计枯水流量的保证率，应视工业企业性质及用水特点，按各有关部门的规定执行。

4. 地下水与地表水联合使用。如果一个地区和城市具有地表和地下两种水源，可以对不同的用户，根据其需水要求，分别采用地下水和地表水作为各自的水源；也可以对各种用户的水源采用两种水源交替使用，在河流枯水期地表水取水困难和洪水期河水泥沙含量高难以使用时，改用抽取地下水作为供水水源。国内外的实践证明，这种地下水和地表水联合使用的供水方式不仅可以同时发挥各种水源的供水能力，而且能够降低整个给水系统的投资，提高供水系统的安全可靠性。

5. 确定水源、取水地点和取水量等，应取得水资源管理机构以及卫生防疫等有关部门的书面同意。对于水源卫生防护应积极取得环保等有关部门的支持配合。

二、地表水取水工程

地表水取水工程的任务是从地表水水源中取出合格的水送至水厂。地表水水源一般是指江河、湖泊等天然的水体，运河、渠道、水库等人工建造的淡水水体，水量充沛，多用于城市供水。

地表水污水工程直接与地表水水源相联系，地表水水源的种类、水量、水质在各种自然或人为条件下所发生的变化，对地表水取水工程的正常运行及安全性产生影响。为使取水构筑物能够从地表水中按需要的水质、水量安全可靠地取水，了解影响地表水取水的主要因素是十分必要的。

（一）影响地表水取水的主要因素

地表水取水构筑物与河流相互作用、相互影响。一方面，河流的径流变化、泥沙运动、河床演变、冰冻情况、水质、河床地质与地形等影响因素影响着取水构筑物的正常工作及安全取水；另一方面，取水构筑物的修建引起河流自然状况的变化，对河流的生态环境、径流量等产生影响。因此，全面综合地考虑地表水取水的影响因素，对取水构筑物位置选择、形式确定、施工和运行管理，都具有重要意义。

地表水水源影响地表水取水构筑物运行的主要因素有：水中漂浮物的情况、径流变化、河流演变及泥沙运动等。

1. 河流中漂浮物。河流中的漂浮物包括：水草、树枝、树叶、废弃物、泥沙、冰块甚至山区河流中所排放的木排等。泥沙、水草等杂物会使取水头部淤积堵塞，阻断水流；水中冰絮、冰凌在取水口处冻结会堵塞取水口；冰块、木排等会撞损取水构筑物，甚至造成停水。河流中的漂浮杂质，一般汛期较平时更多。这些杂质不仅分布在水面，而且同样存在于深水层中。河流中的含沙量一般随季节的变化而变化，绝大部分河流汛期的含沙量高于平时的含沙量。含沙量在河流断面上的分布是不均匀的：一般情况下，沿水深分布，靠近河底的含沙量最大；沿河宽分布，靠近主流的含沙量最大。含沙量与河流流速的分布规律有着密切的关系：河心流速大，相应含沙量就大；两侧流速小，含沙量相应小些。处于洪水流量时，相应的最高水位可能高于取水构筑物，使其淹没而无法运行；处于枯水流量时，相应的最低水位可能导致取水构筑物无法取水。因此，河流历年来的径流资料及其统计分析数据是设计取水构筑物的重要依据。

2. 取水河段的水位、流量、流速等径流特征。由于影响河流径流的因素很多，如气候、地质、地形及流域面积、形状等，上述径流特征具有随机性。因此，应根据河道径流的长期观测资料，计算河流在一定保证率下的各种径流特征值，为取水构筑物的设计提供依据。取水河段的径流特征值包括：（1）河流历年的最小流量和最低水位；（2）河流历年的最大流量和最高水位；（3）河流历年的月平均流量、月平均水位以及年平均流量和年平均水位；（4）河流历年春秋两季流冰期的最大、最小流量和最高、最低水位；（5）其他情况下，如潮汐、形成冰坝冰塞时的最高水位及相应流量；（6）上述相应情况下河流的最大、最小和平均水流速度及其在河流中的分布情况。

3. 河流的泥沙运动与河床演变。河流泥沙运动引起河床演变的主要原因是水流对河床的冲刷及挟沙的沉积。长期的冲刷和淤积，轻者使河床变形，严重者将使河流改道。如果河流取水构筑物位置选择不当，泥沙的淤积会使取水构筑物取水能力下降，严重的会使整个取水构筑物完全报废。因此，泥沙运动和河床演变是影响地表水取水的重要因素。

（1）泥沙运动。河流泥沙是指所有在河流中运动及静止的粗细泥沙、大小石砾以及组成河床的泥沙。随水流运动的泥沙也称为固体径流，它是重要的水文现象之一。根据泥沙在水中的运动状态，可将泥沙分为床沙、推移质及悬移质三类。决定泥沙运动状态的因素除泥沙粒径外，还有水流速度。

对于推移质运动，与取水最为密切的问题是泥沙的启动。在一定的水流作用下，静止的泥沙开始由静止状态转变为运动状态，叫作“启动”，这时的水流速度称为启动流速。泥沙的启动意味着河床冲刷的开始，即启动流速是河床不受冲刷的最大流速，因此在河渠设计中应使设计流速小于启动流速值。

对于悬移质运动，与取水最为密切的问题是含沙量沿水深的分布和水流的挟沙能力。由于河流中各处水流脉动强度不同，河中含沙量的分布亦不均匀。为了取得含沙量较少的水，需要了解河流中含沙量的分布情况。

（2）河床演变。河流的径流情况和水力条件随时间和空间不断变化，因此河流的挟沙能力也在不断变化，在各个时期和河流的不同地点产生冲刷和淤积，从而引起河床形状的变化，即引起河床演变。这种河床外形的变化往往对取水构筑物的正常运行有着重要的影响。

河床演变是水流和河床共同作用的结果。河流中水流的运动包括纵向水流运动和环流运动，二者交织在一起，沿着流程变化，并不断与河床接触、作用；此同时，伴随着泥沙的运动，使河床发生冲刷和淤积，不仅影响河流含沙量，而且使河床形态发生变化。河床演变一般表现为纵向变形、横向变形、单向变形和往复变形。这些变化总是错综复杂地交织在一起，发生纵向变形的同时，往往发生横向变形；发生单向变形的同时，往往发生往复变形。

为了取得较好的水质，防止泥沙对取水构筑物及管道形成危害，并避免河道变迁造成取水脱流，必须了解河段泥沙运动状态和分布规律，观测和推断河床演变的规律和可能出现的不利因素。

4. 河床和岸坡的稳定性。从江河中取水的构筑物有的建在岸边，有的延伸到河床中。因此，河床与岸坡的稳定性对取水构筑物的位置选择有重要的影响。此外，河床和岸坡的稳定性也是影响河床演变的重要因素。河床的地质条件不同，其抵御水流冲刷的能力不同，因而受水流侵蚀影响所发生的变形程度也不同。对于不稳定的河段，一方面河流水力冲刷会引起河岸崩塌，导致取水构筑物倾覆和沿岸滑坡，尤其河床土质疏松的地区常常会发生大面积河岸崩塌；另一方面，还可能出现河道淤塞、堵塞取水口等现象。因此，取水构筑物的位置应选在河岸稳定、岩石露头、未风化的基岩上或地质条件较好的河床处。当地区条件达不到一定的要求时，要采取可靠的工程措施。在地震区，还要按照防震要求进行设计。

5. 河流冰冻过程。北方地区冬季，当温度降至0℃以下时，河水开始结冰。若河流流速较小（如小于0.4~0.5m/s），河面很快形成冰盖；若流速较大（如大于0.4~0.5m/s），河面不能很快形成冰盖。由于水流的紊动作用，整个河水受到过度冷却，水中出现细小的冰晶，冰晶在热交换条件良好的情况下极易结成海绵状的冰屑、冰絮，即水内冰。冰晶也极易附着在河底的沙粒或其他固体物上聚集成块，形成底冰。水内冰及底冰越接近水面越多。这些随水漂流的冰屑、冰絮及漂浮起来的底冰，以及由它们聚集成的冰块统称为流冰。流冰易在水流缓慢的河湾和浅滩处堆积，以后随着河面冰块数量增多，冰块不断聚集和冻结，最后形成冰盖，河流冻结。有的河段流速特别大，不能形成冰盖，即产生冰穴。在这种河段下游水内冰较多，有时水内冰会在冰盖下形成冰塞，上游流冰在解冻较迟的河段聚集，春季河流解冻时，通常因春汛引起的河水上涨时冰盖破裂，形成春季流冰。

冬季流冰期，悬浮在水中的冰晶及初冰，极易附着在取水口的格栅上，增加水头损失，甚至堵塞取水口，故需考虑防冰措施。河流在封冻期能形成较厚的冰盖层，由于温度的变化，冰盖膨胀所产生的巨大压力，易使取水构筑物遭到破坏。冰盖的厚度在河段中的分布并不均匀，此外冰盖会随河水下降而塌陷，设计取水构筑物时，应视具体情况确定取水口的位置。春季流冰期冰块的冲击、挤压作用往往较强，对取水构筑物的影响很大；有时冰块堆积在取水口附近，可能堵塞取水口。

为了研究冰冻过程对河流正常情况的影响，正确地确定水工程设施情况，需了解下列冰情资料：（1）每年冬季流冰期出现和延续的时间，水内冰和底冰的组成、大小、黏结性、上浮速度及其在河流中的分布，流冰期气温及河水温度变化情况；（2）每年河流的封冻时间、封冻情况、冰层厚度及其在河段上的分布情况；（3）每年春季流冰期出现和延续的时间，流冰在河流中的分布运动情况，最大冰块面积、厚度及运动情况；（4）其他特殊冰情。

6. 人类活动。废弃的垃圾抛入河流可能导致取水构筑物进水口的堵塞；漂浮的木排可能撞坏取水构筑物；从江河中大量取水用于工农业生产和生活、修建水库调蓄水量、围堤造田、水土保持、设置护岸、疏导河流等人为因素，都将影响河流的径流变化规律与河床变迁的趋势。

河道中修建的各种水工构筑物和存在的天然障碍物，会引起河流水力条件的变化，可能引起河床沉积、冲刷、变形，并影响水质。因此，在选择取水口位置时，应避开水工构筑物和天然障碍物的影响范围，否则应采取必要的措施。所以在选择取水构筑物位置时，必须对已有的水工构筑物和天然障碍物进行研究，通过实地调查估计河床形态的发展趋势，分析拟建构筑物将对河道水流及河床产生的影响。

7. 取水构筑物位置选择。应有足够的施工场地、便利的运输条件；尽可能减少土石方量；尽可能少设或不设人工设施，用以保证取水条件；尽可能减少水下施工作业量等。

（二）地表水取水类别

由于地表水源的种类、性质和取水条件的差异，地表水取水构筑物有多种类型和分类方法：按地表水的种类，可分为江河取水构筑物、湖泊取水构筑物、水库取水构筑物、山溪取水构筑物、海水取水构筑物；按取水构筑物的构造，可分为固定式取水构筑物和移动式取水构筑物。固定式取水构筑物适用于各种取水量和各种地表水源，移动式取水构筑物适用于中小取水量，多用于江河、水库和湖泊取水。

1. 河流取水。河流取水工程若按取水构筑物的构造形式划分，则有固定式取水构筑物、活动式取水构筑物两类。固定式取水构筑物又分为岸边式、河床式、斗槽式三种；活动式取水构筑物又分为浮船式、缆车式两种；在山区河流上，则有带低坝的取水构筑物和底栏栅取水构筑物。每种类型又有多个形式，这里不再赘述。

2. 水库取水。根据水库的位置与形态，其类型一般可分为：(1) 山谷水库。用拦河坝横断河谷，拦截天然河道径流，抬高水位而成。绝大部分水库属于这一类型。(2) 平原水库。在平原地区的河道、湖泊、洼地的湖口处修建闸、坝，抬高水位形成，必要时还应在库周围筑围堤，如当地水源不足还可以从邻近的河流引水入库。(3) 地下水库。在干旱地区的透水地层，建筑地下截水墙，截蓄地下水或潜流而形成地下水库。

水库的总容积称为库容，然而不是所有的库容都可以进行径流量调节。水库的库容可以分为死库容、有效库容（调蓄库容、兴利库容）、防洪库容。

水库主要的特征水位有：(1) 正常蓄水位，指水库在正常运用情况下，允许为兴利蓄水的上限水位。它是水库最重要的特征水位，决定着水库的规模与效益，也在很大程度上决定着水工建筑物的尺寸。(2) 死水位，指水库在正常运用情况下，允许消落到的最低水位。(3) 防洪限制水位，指水库在汛期允许兴利蓄水的上限水位，通常多根据流域洪水特性及防洪要求分期拟定。(4) 防洪高水位，指下游防护区遭遇设计洪水时，水库（坝前）达到的最高洪水位。(5) 设计洪水位，指大坝遭遇设计洪水时，水库（坝前）达到的最高洪水位。(6) 校核洪水位，指大坝遭遇校核洪水时，水库（坝前）达到的最高洪水位。

水库工程一般由水坝、取水构筑物、泄水构筑物等组成。水坝是挡水构筑物用于拦截水流、调蓄洪水、抬高水位形成蓄水库；泄水构筑物用于下泄水库多余水量，以保证水坝安全，主要有河岸溢洪道、泄水孔、溢流坝等形式；取水构筑物是从水库取水，水库常用取水构筑物有隧洞式取水构筑物、明渠取水、分层取水构筑物、自流管式取水构筑物。

由于水库的水质随水深及季节等因素而变化，因此大多采用分层取水方式，以取得最优水质的水。水库取水构筑物可与坝、泄水口合建或分建。与坝、泄水口合建的取水构筑物一般采用取水塔取水，塔身上一般设置 3~4 层喇叭管进水口，每层进水口高差约 4~8m，以便分层取水。单独设立的水库取水构筑物与江河取水构筑物类似，可采用岸边式、河床式、浮船式，也可采用取水塔。

3. 海水取水。我国海岸线漫长，沿海地区的工业生产在国民经济中占很大比重，随着沿海地区的开放、工农业生产的发展及用水量的增长，淡水资源已经远不能满足要求，利用海水的意义也日渐重要。因此，了解海水取水的特点、取水方式和存在的问题是十分必要的。

（1）海水取水的条件。由于海水的特殊性，海水取水设备会受到腐蚀、海生物堵塞以及海潮侵袭等问题，因此在海水取水时要加以注意。主要包括：①海水对金属材料的腐蚀及防护。海水中溶解有 NaCl 等多种盐分，会对金属材料造成严重腐蚀。海水的含盐量、海水流过金属材料的表面相对速度以及金属设备的使用环境都会对金属的腐蚀速度造成影响。预防腐蚀主要采用提高金属材料的耐腐蚀能力、降低海水通过金属设备时的相对速度以及将海水与金属材料以耐腐蚀材料相隔离等方法。具体措施如：A. 选择海水淡化设备材料时要在进行经济比较的基础上尽量选择耐腐蚀的金属材料，比如不锈钢、合金钢、铜合金等；B. 尽量降低海水与金属材料之间的过流速度，比如使用低转速的水泵；C. 在金属表面刷防腐保护层，比如钢管内外表面涂红丹两道、船底漆一道；D. 采用外加电源的阴极保护法或牺牲阳极的阴极保护法等电化学防腐保护；E. 在水中投加化学药剂消除原水对金属材料的腐蚀性或在金属管道内形成保护性薄膜等方法进行防腐。②海生物的影响及防护。海洋生物，如紫贻贝、牡蛎、海藻等会进入吸水管或随水泵进入水处理系统，减少过水断面、堵塞管道、增加水处理单元处理负荷。为了减轻或避免海生物对管道等设施的危害，需要采用过滤法将海生物截留在水处理设施之外，或者采用化学法将海生物杀灭，抑制其繁殖。目前，我国用以防治和清除海洋生物的方法有：加氯、加碱、加热、机械刮除、密封窒息、含毒涂料、电极保护等。其中，以加氯法采用的最多，效果较好。一般将水中余氯控制在 0.5mg/L 左右，可以抑制海洋生物的繁殖。为了提高取水的安全性，一般至少设两条取水管道，并且在海水淡化厂运行期间，要定期对格栅、滤网、大口径管道进行清洗。③潮汐等海水运动的影响。潮汐等海水运动对取水构筑物有重要影响，如构筑物的挡水部位及所开孔洞的位置设计、构筑物的强度稳定计算、构筑物的施工等。因此在取水工程的建设时要加以充分注意。比如，将取水构筑物尽量建在海湾内风浪较小的地方，合理选择利用天然地形，防止海潮的袭击；将取水构筑物建在坚硬的原土层和基岩上，增加构筑物的稳定性等。④泥沙淤积。海滨地区，特别是淤泥滩涂地带，在潮汐及异重流的作用下常会形成泥沙淤积。因此，取水口应该避免设置于此地带，最好设置在岩石海岸、海湾或防波堤内。⑤地形、地质条件。取水构筑物的形式，在很大程度上同地形和地质条件有关。而地形和地质条件又与海岸线的位置和所在的港湾条件有关。基岩海岸线与沙质海岸线、淤泥沉积海岸线的情况截然不同。前者条件比较有利，地质条件好，岸坡稳定，水质较清澈。

此外，海水取水还要考虑到赤潮、风暴潮、海冰、暴雪、冰雹、冻土等自然灾害对取水设施可能引起的影响，在选择取水点和进行取水构筑物设计、建设时要予以充分的注意。

（2）海水取水方式。海水取水方式有多种，大致可分为海滩井取水、深海取水、浅海取水三大类。通常，海滩井取水水质最好，深海取水其次，而浅海取水则有着建设投资少、适用性广的特点。

第一类，海滩井取水。海滩井取水是在海岸线边上建设取水井，从井里取出经海床渗滤过的海水，作为海水淡化厂的源水。通过这种方式取得的源水由于经过了天然海滩的过滤，海水中的颗粒物被海滩截留，浊度低，水质好。能否采用这种取水方式的关键是海岸构造的渗水性、海岸沉积物厚度以及海水对岸边海底的冲刷作用。适合的地质构造为有渗水性的砂质构造，一般认为渗水率至少要达到 1 000m/（d·m），沉积物厚度至少达到 15m。当海水经过海岸过滤，颗粒物被截留在海底，波浪、海流、潮汐等海水运动的冲刷作用能将截留的颗粒物冲回大海，保持海岸良好的渗水性；如果被截留的颗粒物不能被及时冲回大海，则会降低海滩的渗水能力，导致海滩井供水能力下降。此外，还要考虑到海滩井取水系统是否会污染地下水或被地下水污染，海水对海岸的腐蚀作用是否会对取水构筑物的寿命造成影响，取水井的建设对海岸的自然生态环境的影响等因素。海滩井取水的不足之处主要在于建设占地面积较大、所取原水中可能含有铁锰以及溶解氧较低等问题。

第二类，深海取水。深海取水是通过修建管道，将外海的深层海水引导到岸边，进行取水。一般情况下，在海面以下 1~6m 取水会含有沙、小鱼、水草、海藻、水母及其他微生物，水质较差，而当取水位≥海面下 35m 时，这些物质的含量会减少 20 倍，水温更低，水质较好。

这种取水方式适合海床比较陡峭，最好在离海岸 50m 内，海水深度能够达到 35m 的地区。如果在离海岸 500m 外才能达到 35m 深海水的地区，采用这种取水方式投资巨大，除非是由于特殊要求，需要取到浅海取不到的低温优质海水，否则不宜采用这种取水方式。由于投资较大等因素，这种取水方式一般不适用于较大规模取水工程。

第三类，浅海取水。浅海取水是最常见的取水方式，虽然水质较差，但由于投资少、适应范围广、应用经验丰富等优势仍被广泛采用。一般常见的浅海取水形式有：海岸式、海岛式、海床式、引水渠式、潮汐式等。①海岸式取水。海岸式取水多用于海岸陡、海水含泥沙量少、淤积不严重、高低潮位差值不大、低潮位时近岸水深度>1.0m，且取水量较少的情况。这种取水方式的取水系统简单，工程投资较低，水泵直接从海边取水，运行管理集中，缺点是易受海潮特殊变化的侵袭，受海生物危害较严重，泵房会受到海浪的冲击。为了克服取水安全可靠性差的缺点，一般一台水泵单独设置一条吸水管，至少设计两套引水管线，并在引水管上设置闸阀。为了避免海浪的冲击，可将泵房设在距海岸 10~

20m 的位置。②海岛式取水。海岛式取水适用于海滩平缓，低潮位离海岸很远处的海边取水工程建设。要求建设海岛取水构筑物处周围低潮位时水深≥1.5m，海底为石质或沙质且有天然或港湾的人工防波堤保护，受潮水袭击可能性小。可修建长堤或栈桥将取水构筑物与海岸连接起来。这种取水方式的供水系统比较简单，管理比较方便，而且取水量大，在海滩地形不利的情况下可保证供水，缺点是施工有一定难度，取水构筑物如果受到潮汐突变威胁，供水安全性较差。③海床式取水。海床式取水适用于取水量较大、海岸较为平坦、深水区离海岸较远或者潮差大、低潮位离海岸远以及海湾条件恶劣（如风大、浪高、流急）的地区。这种取水方式将取水主体部分（自流干管或隧道）埋入海底，将泵房与集水井建于海岸，可使泵房免受海浪的冲击，取水比较安全，且经常能够取到水质变化幅度小的低温海水，缺点是自流管（隧道）容易积聚海生物或泥沙，清除比较困难；施工技术要求较高，造价昂贵。④引水渠式取水。引水渠式取水适用于海岸陡峻，引水口处海水较深，高低潮位差值较小，淤积不严重的石质海岸或港口、码头地区。这种取水方式一般自深水区开挖引水渠至泵房取水，在进水端设防浪堤，引水渠两侧筑堤坝。其特点是取水量不受限制，引水渠有一定的沉淀澄清作用，引水渠内设置的格栅、滤网等能截留较大的海生物，缺点是工程量大、易受海潮变化的影响。设计时，引水渠入口必须低于工程所要求的保证率潮位以下至少 0.5m，设计取水量需按照一定的引水渠淤积速度和清理周期选择恰当的安全系数。引水渠的清淤方式可以采用机械清淤或引水渠泄流清淤，或者同时采用两种清淤方式，设计泄流清淤时需要引水渠底坡向取水口。⑤潮汐式取水。潮汐式取水适用于海岸较平坦、深水区较远、岸边建有调节水库的地区。在潮汐调节水库上安装自动逆止闸板门，高潮时闸板门开启，海水流入水库蓄水，低潮时闸板门关闭，取用水库水。这种取水方式利用了潮涨潮落的规律，供水安全可靠，泵房可远离海岸，不受海潮威胁，蓄水池本身有一定的净化作用，取水水质较好，尤其适用于潮位涨落差很大，具备可利用天然的洼地、海滩修建水库的地区。这种取水方式的主要不足是退潮停止进水的时间较长时，水库蓄水量大，占地多，投资高。另外，海生物的滋生会导致逆止闸门关闭不严的问题，设计时需考虑用机械设备清除闸板门处滋生的海生物。在条件合适的情况下，也可以采用引水渠和潮汐调节水库综合取水方式。高潮时调节水库的自动逆止闸板门开启蓄水，调节水库由引水渠通往取水泵房的闸门关闭，海水直接由引水渠通往取水泵房；低潮时关闭引水渠进水闸门，开启调节水库与引水渠相通的闸门，由蓄水池供水。这种取水方式同时具备引水渠和潮汐调节水库两种取水方式的优点，避免了两者的缺点。

三、地下水取水工程

地下水取水是给水工程的重要组成部分之一。它的任务是从地下水水源中取出合格的地下水，并送至水厂或用户。地下水取水工程研究的主要内容为地下水水源和地下水取水构筑物。地下水取水构筑物位置的选择主要取决于水文地质条件和用水要求，应选择在水质良好，不易受污染的富水地段；应尽可能靠近主要用水区；应有良好的卫生条件防护，为避免污染，城市生活饮用水的取水点应设在地下水的上游；应考虑施工、运行、维护管理的方便，不占或少占农田；应注意地下水的综合开发利用，并与城市总体规划相适应。

由于地下水类型、埋藏条件、含水层的性质等各不相同，开采和集取地下水的方法以及地下水取水构筑物的形式也各不相同。地下水取水构筑物按取水形式主要分为两类：垂直取水构筑物——井；水平取水构筑物——渠。井可用于开采浅层地下水，也可用于开采深层地下水，但主要用于开采较深层的地下水；渠主要依靠其较长的长度来集取浅层地下水。在我国利用井集取地下水更为广泛。

井的主要形式有管井、大口井、辐射井、复合井等，其中以管井和大口井最为常见，渠的主要形式为渗渠。各种取水构筑物适用的条件各异。正确设计取水构筑物，能最大限度地截取补给量、提高出水量、改善水质、降低工程造价。管井主要用于开采深层地下水，适用于含水层厚度大于4m，底板埋藏深度大于8m的地层，管井深度一般在200m以内，但最大深度也可达1 000m以上。大口井广泛应用于集取浅层地下水，适用于含水层厚度在5m左右，地板埋藏深度小于15m的地层。渗渠适用于含水层厚度小于5m，渠底埋藏深度小于6m的地层，主要集取地下水埋深小于2m的浅层地下水，也可集取河床地下水或地表渗透水，渗渠在我国东北和西北地区应用较多。辐射井由集水井和若干水平铺设的辐射形集水管组成，一般用于集取含水层厚度较薄而不能采用大口井的地下水。含水层厚度薄、埋深大、不能用渗渠开采的，也可采用辐射井集取地下水，故辐射井适应性较强，但施工较困难。复合井是大口井与管井的组合，上部为大口井，下部为管井，适用于地下水位较高、厚度较大的含水层，常常用于同时集取上部空隙潜水和下部厚层基岩高水位的承压水。在已建大口井中再打入管井称为复合井，以增加井的出水量和改善水质，复合井在一些需水量不大的小城镇和不连续供水的铁路给水站中应用较多。

我国地域辽阔，水资源状况和施工条件各异，取水构筑物的选择必须因地制宜，根据水文地质条件，通过经济技术比较确定取水构筑物的形式。

第三章　节水与水资源再利用技术探究

在对水资源利用的方式有了详细了解之后，本章重点探究节水与具体的水资源再利用技术，主要内容涉及节水内涵与节水指标分析、城市节水技术与措施探究、工农业节水技术与措施探究、海水淡化与雨水有效利用技术探究。

第一节　节水内涵与节水指标分析

一、节水的含义

节水，即节约用水。其最初含义是“节省”和“尽量少用水”概念。随着节水研究和节水工作的开展，节水概念增添了新的含义。

20 世纪 70—80 年代，美国内务部、水资源委员会、土木工程师协会从不同角度对节水予以解释和说明。1978 年美国内务部对节约用水的定义是：“有效利用水资源，供水设施与供水系统布局合理，减少需水量”；1979 年提出“减少水的使用量，减少水的浪费与损失，增加水的重复利用和回用”；1978 年美国水资源委员会认为：“节约用水是减少需水量，调整需水时间，改善供水系统管理水平，增加可用水量”。1983 年美国政府对节约用水的内涵重新给予说明：“减少用水量，提高水的使用效率并减少水的损失和浪费，为了合理用水改进土地管理技术，增加可供水量。”

我国对节水内涵具有代表性的定义是：在合理的生产力布局与生产组织前提下，为最佳实现一定的社会经济目标和社会经济可持续发展，通过采用多种措施，对有限的水资源进行合理分配与可持续利用。

节约用水不是简单消极地少用水概念，它是指通过行政、法律、技术、经济、管理等综合手段，应用必要的、可行的工程措施和非工程措施，加强用水的管理，调整用水结构，改进用水工艺，实行计划用水，降低水的损失和浪费。运用先进的科学技术建立科学用水体系，有效地使用水资源，保护水资源，保证环境、生态、社会和经济的可持续发展。综上所述，节约用水含义已经超出节省水量概念，它包括水资源的保护、控制和开发，保证其可获得最大水量并合理利用、精心管理和文明使用自然资源的意义。

按行业划分，节水可分为农业节水、工业节水、城市生活及服务业节水等。节水途径包括节约用水、杜绝浪费、提高水的利用率和开辟新水源等。

二、节水指标及标准

节水标准要具有先进性、合理性、指导性，且能在未来的经济发展条件下通过一定的努力可以实现。节水标准与指标是在现状用水调查和各部门、各行业用水定额、用水效率指标分析的基础上，综合考虑当地水资源条件、经济社会发展状况、管理水平、技术水平及水价影响等因素，参考国内外（水资源条件和经济发展水平相近者）先进用水水平的指标与参数，通过技术经济比较，统筹需要与可能，因地制宜，注重实效，合理确定各地区节水目标与主要指标及其适用范围。①

城镇生活节水一般是集中供水和取用，因此其节水重点是减少水在输送过程中的损失，以及在使用过程中的浪费。城镇生活节水主要体现在通过提高水价、节水器具的普及程度、减少损失、增强节水意识等，将用水量和用水定额控制在与经济社会发展水平和生活条件改善相适应的范围内。可以行政区为单位，分析各类城市及城镇要求达到的生活用水定额、城市最小可能管网漏失率等。

工业节水主要通过调整工业布局和产业结构、节水技术开发、节水工艺和设备改造以提高重复利用率，以及调整水价等，控制取用水量不合理的增长，特别要注重限制高耗水项目，淘汰高耗水工艺和设备。建筑业及商饮业、服务业节水主要是减少水的浪费和损失。工业分行业节水指标要求按火（核）电、冶金、石化、纺织、造纸及其他一般工业划分，包括节水定额、各行业要求达到的最佳用水重复利用率等，按行政区分类分析确定节水指标。

农业节水主要通过灌区节水改造，发展节水灌溉面积，调整作物种植结构，通过减少粮食与经济作物的协调搭配，达到节水与效益双赢的目的；加强输配水调控和田间防渗工程建设，努力提高灌溉水利用系数；提倡科技种田，提升作物水分生产率。农业节水指标要求按水稻、小麦、玉米、棉花、蔬菜、油料等主要作物以及林果地、草场划分，提出包括高水平节水条件下的灌溉定额，可能达到的最高灌溉水利用系数（分井灌区、渠灌区、井渠混合灌区），牲畜、渔业节水定额等。农业节水指标按省级行政区分不同类型区域分析确定。

---

① 舒展，邸雪颖. 水文与水资源学概论［M］. 哈尔滨：东北林业大学出版社，2012.

建筑业及商饮业、服务业节水指标，按行政区分类分析建筑业及商饮业、服务业节水定额，确定其相应的节水指标。

第二节　城市节水技术与措施探究

随着经济发展和城市人口的迅速增长，世界城市化进程不断加快，城市需水量占总用水量的比例越来越大。近 20 年以来，我国城市工业与生活用水比重已经上升到 35%以上。由于我国水资源分布极不均衡，致使很多水资源丰富地区城市居民节水观念淡薄，存在很严重的用水浪费现象。此外，由于给水管网漏失严重、节水器具未得到普遍推广及水价制定不合理等原因，城市用水浪费现象仍比较严重。

城市节水是指通过对用水和节水的科学预测及规划，调整用水结构、强化用水管理，合理开发、配置、利用水资源，有效地解决城市用水量的不断增长与水资源短缺的供需矛盾，实现城市水的健康社会循环。

一、城市节水技术

（一）城市管网减少漏损量的技术

我国城市普遍管网漏损率较大，降低城市管网的漏损量对节水工作具有重要意义。城市管网的漏损量减少应该从以下两个方面开展工作：

1. 给水管材选择

作为供水管道，应满足卫生、安全、节能、方便的要求。目前使用的给水管材主要有四大类：第一类是金属管，如钢管、球墨铸铁管、不锈钢管等；第二类是混凝土管材，如预应力钢筋混凝土管材；第三类是塑料管，如高密度聚乙烯管（HDPE）、聚丙烯管(PP)、交联聚丙烯高密度网状工程塑料（PP-R）、玻璃钢管（GPR）；第四类是金属—塑料复合管材，如塑复钢管、铝塑复合管、PE 衬里钢管等。据统计，金属管材中球墨铸铁管事故率最低，其机械性能高，强度、抗腐蚀性能远高于钢管，承压大，抗压、抗冲击性能好，对较复杂的土质状况适应性较好，是理想的管材；它的重量较轻，很少发生爆管、渗水和漏水现象，可以减少管网漏损率；球墨铸铁管采用推入式楔形胶圈柔性接口，施工安装方便，接口的水密性好，有适应地基变形的能力，只要管道两端沉降差在允许范围内，接口不至于发生渗漏。非金属管材中，预应力钢筋混凝土管事故率较低。给水塑料管，如应用较广的 HDPE 管材、PP-R 管具有优良的耐热性及较高的强度，而且制作成本较低，采用热熔连接，施工工艺简单，施工质量容易得到保证，抗震和水密性较好，不易漏水。目前市场上应用广泛。

2. 加强漏损管理

加强漏损管理，即应进行管网漏损检测和管道漏损控制。目前管道检漏主要有音听检漏法、区域装表法及区域检漏法。

管道漏损的控制一般采用被动检修及压力调整法。

被动检修是发现管道明漏后，再去检修控制漏损的方法。根据管材及接口的不同选择相应的堵塞方法。若漏水处是管道接口，可采用停水检修或不停水检修两种方法。停水检修时，若胶圈损坏，可直接将接口的胶圈更换；灰口接口松动时，将原灰口材料抠出，重新做灰口；做灰口时可灌铅。不能停水检修时，一般采用钢套筒修漏。当管段出现裂缝而漏水时，可采用水泥砂浆充填法和 PBM 聚合物混凝土等方法堵漏。

管道的漏损量与漏洞大小和水压高低有密切关系，通过降低管内过高的压力以降低漏损量。压力调节法要根据具体水压情况使用。如果整个区域或大多数节点压力偏高，则应考虑降低出厂水压，仅在少数压力不够的用水节点采取局部增压设施以满足用户水压要求；如靠近水厂地区或地势较低地区的压力经常偏高，可设置压力调节装置；实行分时分压供水，在白天的某些用水高峰时段维持较高压力，而在夜间的某些用水低谷时段维持较低的压力；在地形平坦而供水距离较长时，宜用串联分区加装增压泵站的方式供水，在山区或丘陵地带地面高差较大的地区，按地区高低分区，可串联供水或并联供水。

（二）建筑节水技术

建筑给水系统是将城镇给水管网或自备水源给水管网的水引入室内，将室内给水管输送至生活、生产和消防的用水设备，并能满足各用水点对水量、水质及水压的要求。

建筑节水工作涉及建筑给水排水系统的各个环节，应从建筑给水系统限制超压出流、热水系统的无效冷水量及建筑给水系统二次污染造成的水量浪费三个方面着手，实施建筑中水回用；同时还应合理配置节水器具和水表等硬件设施。只有这样才能获得良好的节水效果。

1. 卫生系统真空排水节水技术

为了保证卫生洁具及下水道的冲洗效果，可将真空技术运用于排水工程，用空气代替大部分水，依靠真空负压产生的高速气水混合物，快速将洁具内的污水、污物冲吸干净，达到节约用水、排走污浊空气的效果。一套完整的真空排水系统包括：带真空阀和特制吸水装置的洁具、密封管道、真空收集容器、真空泵、控制设备及管道等。真空泵在排水管道内产生 40~50kPa 的负压，将污水抽吸到收集容器内，再由污水泵将收集的污水排到市政下水道。在各类建筑中采用真空技术，平均节水超过40%。若在办公楼中使用，节水率可超过70%。

2. 建筑给水超压出流的防治

当给水配件前的静水压力大于流出水头，其流量就大于额定流量。超出额定流量的那部分流量未产生正常的使用效益，是浪费的水量。由于这种水量浪费不易被人们察觉和认识，因此可称之为隐形水量浪费。

为减少超压出流造成的隐形水量浪费，应从给水系统的设计、安装减压装置及合理配置给水配件等多方面采取技术措施。首先是采取减压措施，控制超压出流。在设计住宅建筑给水系统时，应对限制入户管的压力，超压时需采用减压措施。对已有建筑，也可在水压超标处增设减压装置。减压装置主要有减压阀、减压孔板及节流塞等。

3. 建筑热水供应节水措施

随着人民生活水平的提高和建筑功能的完善，建筑热水供应已逐渐成为建筑供水不可缺少的组成部分。据统计，在住宅和宾馆用水量中，淋浴用水量分别占30%和75%左右。而各种热水供应系统，大多存在着严重的水量浪费现象，例如一些太阳能热水器等装置开启热水后，往往要放掉不少冷水后才能正常使用。这部分流失的冷水，未产生使用效益，可称为无效冷水，也就是浪费的水量。

我国现行的《建筑给水排水设计规范》（GB 50015—2003）（2009年版）中提出了应保证干管和立管中的热水循环，要求随时取得不低于规定温度热水的建筑物，应保证支管中的热水循环，或有保证支管中热水温度的措施。所以新建建筑热水系统应根据规范要求和建筑物的具体情况选用支管循环或立管循环方式；对于现有定时供应热水的无循环系统进行改造，增设热水回水管；选择性能良好的单管热水供应系统的水温控制设备，双管系统应采用带恒温装置的冷热水混合龙头。

4. 建筑给水系统二次污染的控制技术

建筑给水系统二次污染是指建筑供水设施对来自城镇供水管道的水进行贮存、加压和输送至用户的过程中，由于人为或自然的因素，使水的物理、化学及生物学指标发生明显变化，水质不符合标准，使水失去原有使用价值的现象。

建筑给水系统的二次污染不但影响供水安全，也造成了水的浪费。为了防止水质二次污染，节约用水，目前主要采取措施有：在高层建筑给水中采用变频调速泵供水；生活与消防水池分开设置；严格执行设计规范中有关防止水质污染的规定；水池、水箱定期清洗，强化二次消毒措施、推广使用优质给水管材和优质水箱材料，加强管材防腐。

5. 大力发展建筑中水设施

中水设施是将居民洗脸、洗澡、洗衣服等洗涤水集中起来，经过去污、除油、过滤、消毒、灭菌处理，输入中水回用管网，以供冲厕、洗车、绿化、浇洒道路等非饮用水之用。中水系统回用 $1m^3$ 水，等于少用 $1m^3$ 自来水，减少向环境排放近 1m 污水，一举两得。所以，中水回用系统已在世界许多缺水城市广泛采用。

（三）给水系统节水

建筑给水系统是将城镇给水管网或自备水源给水管网的水引入室内，经室内配水管送至生活、生产和消防用水设备，并满足各用水点对水量、水压和水质要求的冷水供应系统。

自 20 世纪 70 年代后期起，我国开始逐步调整产业结构和工业布局，并加大了对工业用水和节水工作的管理力度，工业用水循环率稳步提高，单位产品耗水量逐步下降。近些年来，我国的国民经济产值逐年增长，而工业用水量却处于比较平稳的状态。我国已开始重视和规范生活用水，《建筑给水排水设计规范》（GB 50015—2003）于 2003 年 4 月 15 日发布，并于 2003 年 9 月 1 日起实施。新的设计规范中，根据近年来我国建筑标准的提高、卫生设备的完善和节水要求，对住宅、公共建筑、工业企业建筑等生活用水定额都做了修改，定额划分更加细致，在卫生设施更完善的情况下，有的用水定额稍有增加，有的略有下降。这样就从设计用水量的选用上贯彻了节水要求，为建筑节水工作的开展创造了条件。在此基础上要全面搞好建筑节水工作，还应从建筑给水系统的设计上限制超压出流。

1. 超压出流现象及危害

按照卫生器具的用途和使用要求而规定的卫生器具给水配件单位时间的出水量称为额定流量。为基本满足卫生器具使用要求而规定的给水配件前的工作压力称为最低工作压力。超压出流就是指给水配件前的压力过高，使得其流量大于额定流量的现象。由于这种水量浪费不易被人们察觉和认识，因此可称之为“隐形”水量浪费。

超压出流除造成水量浪费外，还会带来以下危害：

（1）水压过大，水龙头开启时，水呈射流喷溅，影响人们使用。

（2）超压出流破坏了给水系统流量的正常分配。当建筑物下层大量用水时，由于其给水配件前的压力高，出流量大，必然造成上层缺水现象，严重时会导致上层供水中断，产生水的供需矛盾。

（3）水压过大，水龙头启闭时易产生噪声和水击及管道振动，使得阀门和给水龙头等磨损较快，使用寿命缩短，并可能引起管道连接处松动漏水，甚至损坏，造成大量漏水，加剧了水的浪费。为避免超压出流造成的“隐形”水量浪费，对超压出流所造成的危害应引起足够重视。

2. 超压出流的防治技术

为减少超压出流造成的“隐形”水量浪费，应从给水系统的设计、安装减压装置及合理配置给水配件等多方面采取技术措施。

（1）采取减压措施。主要减压措施如下：

①设置减压阀。减压阀最常见的安装形式是支管减压，即在各超压楼层的住宅入户管或公共建筑配水栅支管上安装减压阀；这种减压方式可避免各供水点超压，使供水斥力的分配更加均衡，在技术上是比较合理的，而且一个减压阀维修，不会影响其他用户用水，因此各户不必设置备用减压阀。缺点是压力控制范围比较小，维护管理工作量较大。

高层建筑可以设置分区减压阀。这种减压方式的优点是减压阀数量较少，且设置较集中，便于维护管理；其缺点是各区支管压力分布仍不均匀，有些支管仍处于超压状态，而且从安全的角度出发，各区减压阀往往需要设置两个，互为备用。

高层建筑各分区下部立管上设置减压阀。这种减压方式与支管减压相比，所设减压阀数量较少。但各楼层水压仍不均匀，有些支管仍可能处于超压状态。

立管和支管减压相结合可使各层给水压力比较均匀，同时减少了支管减压阀的数量。但减压阀的种类较多，增加了维护管理的工作量。

②设置减压孔板。减压孔板是一种构造简单的节流装置，经过长期的理论和实验研究，该装置现已标准化。在高层建筑给水工程中，减压孔板可用于消除给水龙头和消火栓前的剩余水头，以保证给水系均衡供水，达到节水的目的。上海某大学用钢片自制直径5mm的减压孔板，用于浴室喷头供水管减压，使同量的水用于洗澡的时间由原来的四个小时增加到七个小时，节水率达43%，效果相当明显。北京某宾馆将自制的孔板装于浴室喷头供水管上，使喷头的出流量由原来34L/min减少到14L/min，虽然喷头出流量减少，但淋浴人员并没有感到不适。

减压孔板相对减压阀来说，系统比较简单，投资较少，管理方便。但只能减动压，不能减静压，而且下游的压力随上游压力和流量而变，不够稳定。另外，供水水质不好时，减压孔板容易堵塞。因此，可以在水质较好和供水压力稳定的地区采用减压孔板。

③设置节流塞。节流塞的作用及优缺点与减压孔板基本相同，适于在小管径及其配件中安装使用。

（2）采用节水龙头。节水龙头与普通水龙头相比，节水量从3%～50%不等，大部分在20%～30%之间，并且在普通水龙头出水量越大（静压越高）的地方，节水龙头的节水量也越大。

3. 热水系统节水

随着人民生活水平的提高和建筑功能的完善，建筑热水供应已逐渐成为建筑供水不可缺少的组成部分。据统计，在住宅和宾馆饭店的用水量中，淋浴用水量已分别占到30%和75%左右。因此，科学合理地设计、管理和使用热水系统，减少热水系统水的浪费，是建筑节水工作的重要环节。

据调查和实际测试，无论何种热水供应系统，大多存在着严重的浪费现象，主要发生在开启热水配水装置后，不能及时获得满足使用温度的热水，往往要放掉不少冷水或不能达到使用温度要求的水后才能正常使用。这部分流失的冷水，未产生使用效益，可称为无效冷水，也即浪费的水量。

建筑热水供应系统无效冷水产生的原因是设计、施工、管理等多方面因素造成的。如集中热水供应系统的循环方式选择不当、局部热水供应系统管线过长、热水管线设计不合理、施工质量差、温控装置和配水装置的性能不理想、热水系统在使用过程中管理不善等，都直接影响热水系统的无效冷水排放量。

建筑热水供应系统节水的技术措施包括：(1) 对现有定时供应热水的无循环系统进行改造，增设热水回水管；(2) 新建建筑的热水供应系统应根据建筑性质及建筑标准选用大管循环或立管循环方式；(3) 尽量减少局部热水供应系统热水管线的长度，并应进行管道保温；(4) 选择适宜的加热和储热设备，严格执行有关设计、施工规范，建立健全管理制度；(5) 选择性能良好的单管热水供应系统的水温控制设备，双管系统应采用带恒温装置的冷热水混合龙头；(6) 防止热水系统的超压出流。

（三）中水利用技术

1. 中水利用技术的基础

随着城市建设和工业的发展，用水量特别是工业用水量急剧增加，大量污废水的排放严重污染了环境和水源，使水质日益恶化，水资源短缺问题日益严重。新水源的开发工程又相当艰巨。面对这种情况，作为节水技术之一，中水利用是缓解城市水资源紧缺的切实可行的有效措施。建筑中水利用是将使用过的受到污染的水处理后再次利用，既减少了污水的外排量、减轻了城市排水系统的负荷，又可以有效地利用和节约淡水资源，减少对水环境的污染，具有明显的社会效益、环境效益和经济效益。

城市建筑小区的中水可回用于小区绿化、景观用水、洗车、清洗建筑物和道路以及室内冲洗厕所等。中水回用对水质的要求低于生活用水标准，具有处理工艺简单、占地面积小、运行操作简便、征地费用低、投资少等特点。近年来，城市建筑小区中水回用的实践证明，中水回用可大量节约饮用水的用量，缓和城市用水的供需矛盾，减少城市排污系统和污水处理系统的负担，有利于控制水体污染，保护生态环境。同时，面对国家实施的“用水定额管理”和“超定额累进加价”制度，中水回用将为建筑小区居民和物业管理部门带来可观的经济效益。随着建筑小区中水回用工程的进一步推广，其产生的环境效益、经济效益和社会效益将日益明显。

（1）国内外建筑中水利用概况。中水技术作为水回用技术，早在20世纪中叶就随工业化国家经济的高度发展、世界性水资源紧缺和环境污染的加剧而出现了。面对水资源危机，日本在20世纪60年代中期就开始污废水回用，主要回用于工业农业和日常生活，称为“中水道”。美国和西欧发达国家也很早就推出了成套的处理设备和技术，其处理设备比较先进，水的回用率较高。

我国从20世纪70年代末至1987年政发（60）号文（第一个中水文件）的发布，是技术引进吸收\试验研究阶段，主要进行对国外（主要是日本）中水技术的翻译、交流，外资合资中水项目的引进、消化。这一阶段实际应用工程虽少，但有关试验研究资料交流不少。20世纪80年代初，随着我国改革开放后对水需求的增加以及北方地区的干旱形势，促使中水回用技术得到发展，1987年至20世纪末，是技术规范的初步建立和中水工程建设的推进阶段。从国内来看，北京市开展建筑中水技术的研究和推广工作较早，此外，上海、大连和太原等城市的中水设施建设初见成效，但是，从整体来看，建筑中水回用在我国仍然处于起步阶段。

（2）中水利用基本概念。“中水”一词源于日文。它的意思是相对于“上水”和“下水”而言的。“上水”指的是城市自来水，即未经使用的新鲜水；“下水”指的是城市污水，即已经使用过并且采用排放措施将其扔掉的水。而“中水”则是指将使用过的水再进行利用的水。所谓“利用”是强调中水的品质及其经济可行性。广义上讲，水都是在重复利用的，水是循环的，废弃的水将返回到它的集体——地表水系或地下水系，形成一个循环。我们通常所称的中水是对建筑物、建筑小区的配套设施而言，又称为中水设施。

建筑中水是指把民用建筑或建筑小区内的生活污水或生产活动中属于生活排放的污水和雨水等杂水收集起来，经过处理达到一定的水质标准后，回用于民用建筑或建筑小区内，用作小区绿化、景观用水、洗车、清洗建筑物和道路以及室内冲洗便器等的供水系统，如图3-1。建筑中水工程属于小规模的污水处理回用工程，相对于大规模的城市污水处理回用而言，具有分散、灵活、无需长距离输水和运行管理方便等特点。

（3）建筑中水回用的意义。大量工程实践证明，建筑中水回用具有显著的环境效益、经济效益和社会效益。具体来说，有以下意义：①减少自来水消耗量，缓解城市用水的困难；②可减少城市生活污水排放量，减轻城市排污系统和污水处理系统的负担，并可在一定程度上控制水体的污染，保护生态环境；③建筑中水回用的水处理工艺简单，运行操作方便，供水成本低，基建投资小。

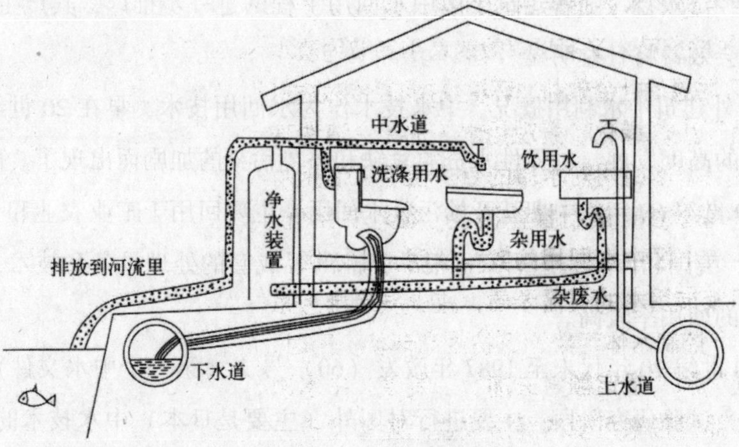

图 3-1　建筑中水系统示意图

由于目前大部分地区的水资源费和用自来水价格偏低，对于大多数实施建筑中水回用的单位来讲，其直接经济效益尚不尽如人意，但考虑到水资源短缺的大趋势以及引水排水工程的投资越来越大等因素，各城市的水资源增容费用和自来水价格必将逐步提高，而随着建筑中水技术的日益成熟和设计、管理水平的不断提高，中水的成本将会呈下降趋势。

（4）建筑中水回用存在的问题。我国建筑中水回用在发展中仍然存在一些问题。目前，相关政策法规和技术规范不健全，未形成配套产业政策和法规体系。建筑中水回用还没有形成市场机制，在中水设施的建设过程中没有发挥好经济杠杆的作用。中水工程建设程序混乱，对于建筑中水，一些设计部门只做集水和供水管道设计，不做水处理部分的设计，从而造成设计、施工、安装调试、运行等环节相互脱节，工程质量低下。

由于技术力量不足，设计经验欠缺，常常出现建筑中水回用工程投入使用后运行不正常，出水水质不达标或运行成本高等问题，以致目前国内已建成的中水工程运行率不高，给中水工程的推广使用带来了负面影响。

2. 建筑中水系统的类型和组成

建筑中水系统是给水排水工程技术、水处理工程技术及建筑环境工程技术相互交叉、有机结合的一项系统工程。建筑中水系统按服务范围和规模可分为：单幢建筑中水系统、建筑小区中水系统和区域性水循环建筑中水系统三大类。

（1）单幢建筑中水系统。单幢建筑中水系统的中水水源取自本系统内的杂排水（不含粪便排水）和优质杂排水（不含粪便和厨房排水）。对于设置单幢建筑中水系统的建筑，其生活给水和排水都应是双管系统，即给水管网为生活饮用水管道和杂用水管道分开，排水管网为粪便排水管道和杂排水管道分开的给、排水系统。单幢建筑中水系统处理的特点是流程简单、占地面积小，尤其是优质杂排水水量较大的各类建筑物。

（2）建筑小区中水系统。建筑小区中水系统的水源取自建筑小区内各建筑物排放的污水。根据建筑小区所在城镇排水设施的完善程度确定室内排水系统，但是应使建筑小区室外给、排水系统与建筑物内部给、排水系统相配合。建筑小区中水系统工程的特点是规模较大、管道复杂，但中水集中处理的费用较低，多用于建筑物分布较集中的住宅小区和高层楼群、高等院校等。

目前，设置中水工程的建筑小区室外排水多为粪便、杂排水分流系统，中水水源多取自杂排水。建筑小区和建筑物内部给水管网均为生活饮用水和杂用水双管配水系统。

（3）区域性水循环建筑中水系统。区域性水循环建筑中水系统一般以本地区城市污水处理厂的二级处理水为水源。区域性水循环建筑中水系统的室外、室内排水系统可不必设置成分流双管排水系统，但是室内、室外给水管网必须设置成生活饮用水和杂用水双管配水的给水系统。区域性水循环建筑中水系统适用于所在城镇具有污水二级处理设施，并且距污水处理厂较近的地区。

（4）建筑中水系统的组成。建筑中水系统由中水原水系统、中水处理系统和中水供水系统三部分组成。中水原水系统是指收集、输送中水原水到中水处理设施的管道系统和相关的附属构筑物；中水处理系统是指对中水原水进行净化处理的工艺流程、处理设备和相关构筑物；中水供水系统是指把处理合格后的中水从水处理站输送到各个用水点的管道系统、输送设备和相关构筑物。

3. 中水供水系统

中水供水系统的作用是把处理合格的中水从水处理站输送到各个用水点。凡是设置中水系统的建筑物或建筑小区，其建筑内、外都应分开设置饮用水供水管网和中水供水管网，以及两个管网各自的增压设备和储水设施。常用的增压储水设备（设施）有饮用水蓄水池、饮用水高位水箱、中水储水池、中水高位水箱、水泵或气压供水设备等。

（1）中水供水系统的类型。中水供水系统按其用途可分为两类：①生活杂用中水供水系统。该系统的中水主要供给公共建筑、民用建筑和工厂生活区冲洗便器、冲洗或浇洒路面、绿化和冷却水补充等杂用。②消防中水供水系统。该系统的中水主要用作建筑小区、大型公共建筑的独立消防系统的消防设备用水。

（2）建筑小区室外中水供水系统。

①室外中水供水系统的组成。室外中水供水系统的组成与一般给水系统的组成相似，一般由中水配水干管、中水分水管、中水配水闸门井、中水储水池，中水高位水箱（水塔）和中水增压设备等组成。经中水处理站处理合格的中水先进入中水储水池，经加压泵站提送到中水高位水箱或中水水塔后进入中水配水干管，再经中水分配管输送到各个中水用水点。

在整个供水区域内，水管网根据管线的作用不同可分为中水配水干管和中水分配管。干管的主要作用是输水，分配管主要用于把中水分配到各个用水点。

②室外中水供水管网的布置。根据建筑小区的建筑布局、地形、各用水点对中水水量和水压的要求等情况，中水供水管网可设置成枝状或环状。对于建筑小区面积较小、用水量不大的，可采用枝状管网布置方式；对于建筑小区面积较大且建筑物较多、用水量较大，特别是采用生活杂用-消防共用管网系统的，宜布置成环状管网。

室外中水供水管网的布置应紧密结合建筑小区的建设规划，做到安全统一、分期施工，这样既能及时供应生活杂用水和消防用水，又能适应今后的发展。在确定管网布置方式时，应根据建筑小区地形、道路和用户对水量、水压的要求提出几种管网布置方案，经过技术和经济比较后再最终确定。

(3) 室内中水供水系统。室内中水供水系统与室内饮用水管网系统类似，也是由进户管、水表节点、管道及附件、增压设备、储水设备等组成，室内杂用-消防共用系统则还应有消防设备。室内中水系统的供水方式一般应根据建筑物高度、室外中水供水管网的可靠压力、室内中水管网所需压力等因素确定，通常分为以下五种：

①直接供水方式（图 3-2）。当室外中水管网的水压和水量在一天内任何时间均能满足室内中水管网的用水需要时，可采用这种供水方式，这种方式的优点是设备少、投资省、便于维护、节省能源，是最简单、经济的供水方式，应尽量优先采用。该方式的水平干管可布设在地下或地下室的顶棚下，也可布设在建筑物最高层的天花板下或吊顶层中。

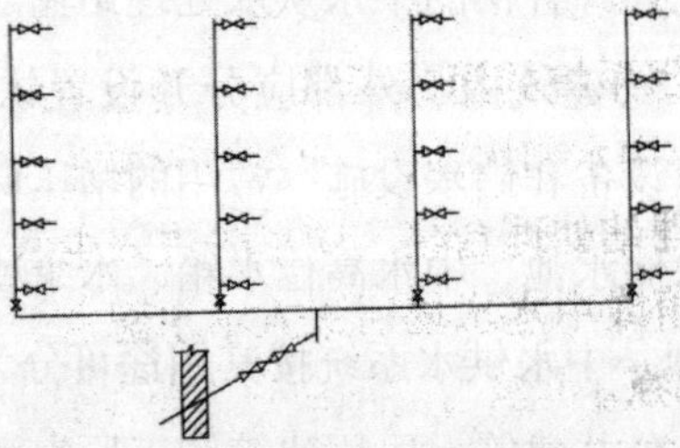

图 3-2　直接供水方式管网示意图

②单设屋顶水箱的供水方式（图 3-3）。当室外中水管网的水压在一天内大部分时间能够满足室内中水管网的水压要求，仅在用水高峰期时段不能满足供水水压时，可采用这种供水方式。当室外中水管网水压较大时，可供到室内中水管网和屋顶水箱；当室外中水管网的水压因用水高峰而降低时，高层用户可由屋顶水箱供给中水。

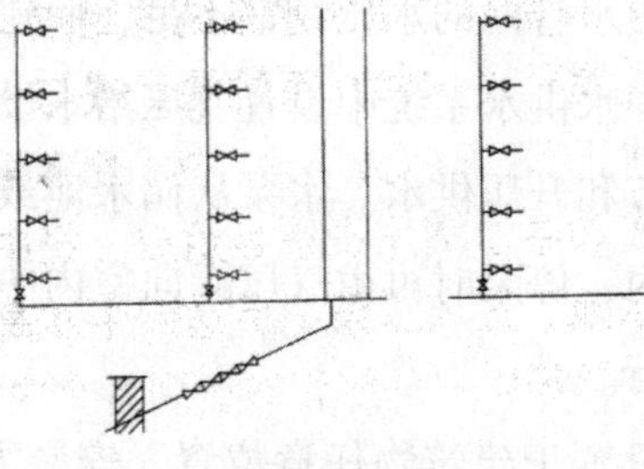

图 3-3　单设屋顶水箱的供水方式

③设置水泵和屋顶水箱的供水方式（图 3-4）。当室外中水管网的水压低于室内中水管网所需的水压或经常不能满足室内供水水压，且室内用水不均匀时，可采用这种供水方式。水泵由吸水井或中水储水池中将中水提升到屋顶水箱，再由屋顶水箱以一定的水压将中水输送到各个用户，从而保证了满足室内管网的供水水压和供水的稳定性。这种供水方式由于水泵可及时向水箱充水，所以水箱体积可以较小；又因为水箱具有调节作用，可保证水泵的出水量稳定，在高效率状态下工作。

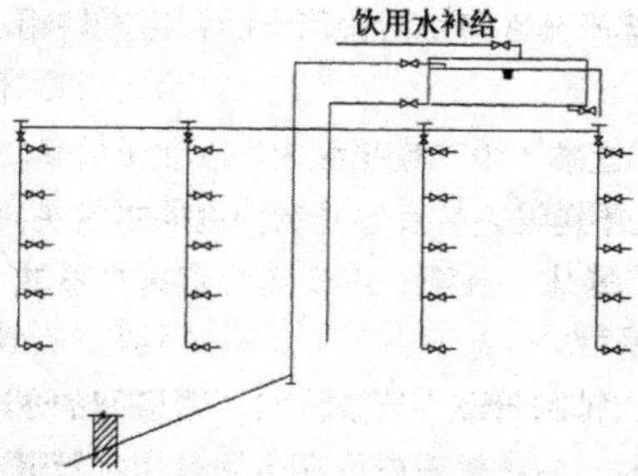

图 3-4　设置水泵和屋顶水箱的供水方式

④分区供水方式（图 3-5）。在一些高层建筑物中，室外中水管网的水压往往只能供到建筑物的下面几个楼层，而不能供到较高的楼层。为了充分利用室外中水管网的水压，通常将建筑物分成上下两个或两个以上的供水区，下区由室外中水管网供水，上区通过水泵和屋顶水箱联合供水。各供水区之间由一根或两根立管连通，在分区处装设阀门，在特殊情况时可使整个管网全部由屋顶水箱供水。

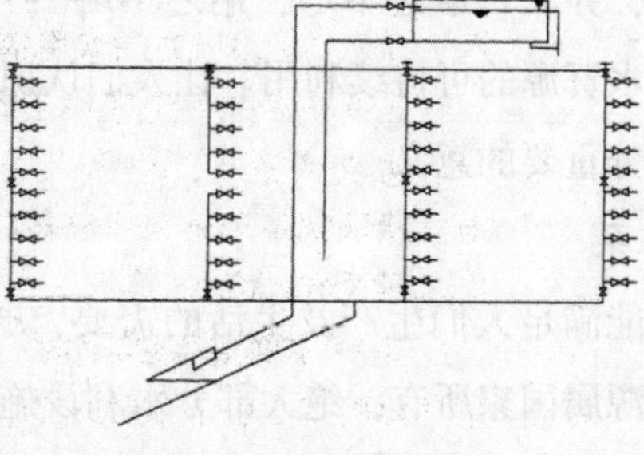

图 3-5　分区供水方式

⑤气压供水方式。当室外中水管网的水压经常不足，而建筑物内又不宜设置高位水箱时，可采用这种供水方式。在中水供水系统中设置气压给水设备，并利用该设备的气压水罐内气体的可压缩性，储存调节和升压供水。水泵从储水池或室外中水管网吸水，经加压后送至室内中水管网和气压罐内，停泵时再由气压罐向室内中水管网供水，并由气压水罐调节、储存水量及控制水泵运行。

这种供水方式具有设备可设置于建筑物任意位置、安装方便，水质不容易受到污染，投资少、便于实现自动化控制等优点。其缺点是供水压力波动较大、管理及运行费用较高、供水的安全性较差。

(4) 室内供水系统的管道布置。室内供水系统的管道布置与建筑物的结构、性质、中水供水点的数量及位置和采用的供水方式有关。管道布置的基本原则如下：①管道布置时应尽可能呈直线走向，力求长度最短，并与墙、梁、柱平行敷设；②管道不允许敷设在排水沟、烟道和风道内，以免管道被腐蚀；③管道不应穿越橱窗、壁橱和木装修，以便于管道维修。④管道应尽量不直接穿越建筑物的沉降缝，如果必须穿越时应采取相应的保护措施。

二、城市节水措施

（一）加强城市节水管理

1. 建立节水创新管理体系

各地区应建立统一的水管理机构，负责统筹管理城市（或流域）范围内的给排水循环系统，使得城市水系统能良性循环。健全节约用水法规体系，加强法制管理。建立科学的节水管理模式，制定严格、合理的考核指标，使节水工作得以有效进行。

2. 做好节水教育宣传

通过宣传教育，使全社会均有节水意识，人人参与到节水行动中，养成节约用水的好习惯。节水宣传教育首先要改变传统的用水观念，建立可持续发展的用水理念，充分认识到地球上的水资源是有限的，并非“取之不尽，用之不竭”；水是有价值的资源，维持水的健康社会循环，才能实现水资源的可持续利用。让人们认识到节约用水是解决水资源短缺的有效途径之一，具有十分重要的意义。

3. 建立多元化的水价体系

水资源具有使用价值，能满足人们生产及生活的需要，通过合理开发和利用水资源，能促进社会经济发展。水资源属国家所有，绝大部分水利设施为国有资产。因此水资源对使用者而言是一种特殊商品，应有偿使用。目前我国的水价主要采用行业固定收费法，即相同用水对象水价固定不变，不随用水量而变化，且水价低于制水成本，背离价值。这样就会造成水资源浪费，无法实现水资源可持续利用。所以必须进行水价改革，建立一种科学的、适应市场经济的水价管理体系，建立多元化水价体系。

（1）因地制宜，采用丰枯年际浮动水价或季节浮动价格。季节水价即根据需水量调整价格，需水量大的季节水价高，需水量小的季节水价低。年际浮动水价即根据不同年的水资源实际情况调整水价，丰水年水价低，枯水年水价高。一般情况下，居民夏季用水会高于冬季15%~20%。因此，夏季提高单位水价会促使用户节约用水，缓解用水高峰期供需矛盾。

（2）实行累进递增式水价。以核定的计划用水为基数，计划内实行基本水价，当用水量超过计划指标时，其超过部分水量实行不同等级水价，超出越多水价越高，以价格杠杆促进水资源的优化配置。这种以低价供应的定额水量，保证了用户基本用水需求，但又不会造成很重的负担；而对超量部分实行高价，能够很好地实现节水目的。

（3）不同行业采用不同水费标准，以节制用水。对市政用水、公共建筑用水，取低费率，但实行累进递增收费制；对工业企业，提高其用水的水费基准，以增加水在成本费中的构成比例，促进工业节水；对服务行业用水，取高费率，实行累进递增收费制。

（4）增加工业和生活排污费用。根据水的健康可持续循环理念，在自来水水价之中必须包括污水排放、收集和处理的费用。自来水价格应按照商品经济规律定价，即包括给水工程和相应排水工程的投资和经营成本以及企业盈利部分。这样从经济上保证了水的社会循环呈良性发展，保护天然水环境不受污染和水资源的可持续利用。

（二）节水型卫生器具的应用

1. 节水器具设备的含义

节水型器具设备是指低流量或超低流量的卫生器具设备，是与同类器具与设备相比具有显著节水功能的用水器具设备或其他检测控制装置。节水器具设备有两层含义：一是其在较长时间内免除维修，不发生跑、冒、滴、漏等无用耗水现象，是节水的；二是设计先进合理、制造精良、使用方便，较传统用水器具设备能明显减少用水量。

城市生活用水主要通过给水器具设备的使用来完成，而在给水器具设备中，卫生器具设备又是与人们日常生活息息相关的，可以说，卫生器具与设备的性能对于节约生活用水具有举足轻重的作用。因此，节水器具设备的开发、推广和管理对于节约用水的工作是十分重要的。节水型器具设备种类很多，主要包括：节水型龙头阀门类，节水型淋浴器类，节水型卫生器具类，水位、水压控制类以及节水装置设备类等。这类器具设备节水效果明显，用以代替低用水效率的卫生器具设备可平均节省31%的生活用水。

2. 节水器具设备的节水方法

节水器具设备的常用节水途径有：限定水量，如使用限量水表；限制水流量或减压，如各类限流、节流装置；限时，如各类延时自闭阀；限定（水箱、水池）水位或水位实施传感、显示，如水位自动控制装置、水位报警器；防漏，如低位水箱的各类防漏阀；定时控制，如定时冲洗装置改进操作或提高操作控制的灵敏性，如冷热水混合器，自动水龙头，电磁式淋浴节水装置；提高用水效率，如多次、重复利用；适时调节供水水压或流量，如水泵机组调速给水设备。上述方法基本上都是通过利用器具减少水量浪费的。

3. 节水器具设备的基本要求

节水器具和设备往往可采取不同的方法，所以某些常用节水器具和设备的种类繁多，选择时应依据其作用原理，着重考察是否满足下列基本要求：(1) 实际节水效果好。与同类用途的其他器具相比，在达到同样使用效果时用水量相对较少。(2) 安装调试和操作使用、维修方便。(3) 质量可靠、结构简单、经久耐用。节水器具必须保证长期使用而不漏水，质量好、经久耐用是节水型生活用水器具的基本条件和重要特征。(4) 技术上应有一定的先进性，在今后若干年内具有使用价值，不被淘汰。(5) 经济合理。在保证以上四个特点的同时具有较低的成本。合格的节水器具和设备都应全面体现以上要求，否则就难以推广应用。

4. 节水型阀门

节水型阀门主要包括：延时自闭式便池冲洗阀、表前专用控制阀、减压阀、疏水阀、水位控制阀和恒温混水阀等。

(1) 延时自闭冲洗阀。延时自闭式便池冲洗阀（图 3-6）是一种理想的新型便池冲洗洁具，它是为取代以往直接与便器相连的冲洗管上的普通闸阀而产生的。它利用阀体内活塞两端的压差和阻尼进行自动关闭，具有延时冲洗和自动关闭功能。同时具有节约空间、节约用水、容易安装、经久耐用、价格合理和操作简单、防水源污染等优点。

(2) 表前专用控制阀（图 3-7）。表前专用控制阀的主要特点是在不改变国家标准阀门的安装口径和性能规范的条件下，通过改变上体结构，采用特殊生产工艺，使之达到普通工具打不开，而必须由供管水部门专管的调控器方能启闭的效果，从而解决了长期以来阀门管理失控、无节制用水，甚至破坏水表等问题。

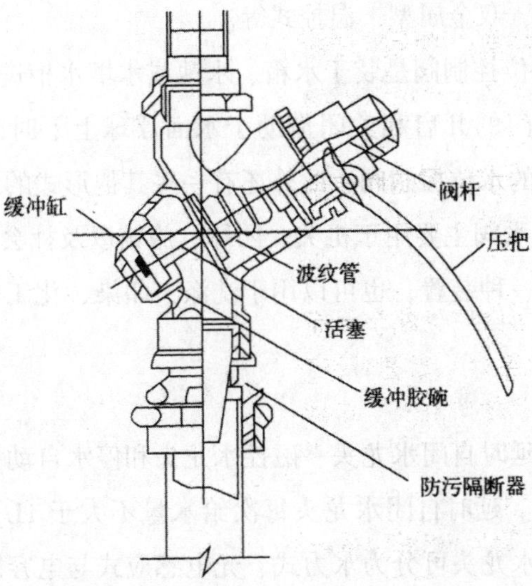

图 3-6　延时自闭式便池冲洗阀构造

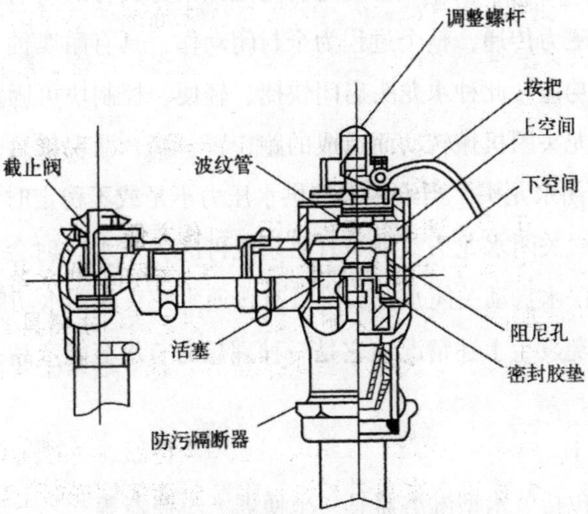

图 3-7　表前专用控制阀

（3）减压阀。减压阀是一种自动降低管路工作压力的专门装置。它可将阀前管路较高的水压减少至阀后背路所需的水平。减压阀广泛用于高层建筑，城市给水管网水压过高的区域、矿井及其他场合，以保证给水系统中各用水点获得适当的服务水压和流量。虽然水流通过减压阀有很大的水头损失，但由于减少了水的浪费并使系统流量分布合理，改善了系统布局与工况，因此从整体上讲仍是节能的。

（4）疏水阀。疏水阀是蒸汽加热系统的关键附件之一，主要作用是保证蒸汽凝结水及时排放，同时又防止蒸汽漏失，在蒸汽冷凝水回收系统中起关键作用。

由于传热要求的不同，选用疏水阀的形式也不相同，疏水阀有倒吊桶式、热动力式、脉冲式、浮球式、浮筒式、双金属型、温控式等。

（5）水位控制阀。水位控制阀是装于水箱、水池或水塔水柜进水管口并依靠水位变化控制水流的特种阀门。阀门的开启和关闭借助于水面浮球上下时的自重、浮力及杠杆作用。浮球阀即为一种常见的水位控制阀，此外还有一些其他形式的水位控制阀。

（6）恒温混水阀。混水阀主要用于机关、团体、旅馆以及社会上的公共浴室中，是为单管淋浴提供恒温热水的一种装置，也可以用于洗涤、印染、化工等行业中需要恒温热水的场合。

5. 节水型水龙头

节水型水龙头主要有延时自闭水龙头、磁控水龙头和停水自动关闭水龙头等产品。

（1）延时自闭水龙头。延时自闭水龙头每次给水量不大于1L，给水时间大约4~6s。按其作用原理，延时自闭水龙头可分为水力式、光电感应式与电容感应式等类型。

（2）磁控水龙头。磁控水龙头是以ABS塑料为主材并由包有永久高效磁铁的阀芯和耐水胶圈为配套件制作而成。其工作原理是利用磁性本身具有的吸引力和排斥力启闭水龙头，控制块与龙头靠磁力传递，整个过程为全封闭动作，具有耐腐蚀、密封好、水流清洁卫生、节能和磁化水功能。此种水龙头启闭快捷、轻便，控制块可固定在龙头上或另外携带，有效克服了传统龙头因机械转动而造成的跑、冒、滴、漏现象。

（3）停水自动关闭水龙头。当给水系统供水压力不足或不稳定时，可能引起管路暂停供水，如果用户未及时关闭水龙头，则当管路系统再次“来水”时会使水大量流失，甚至到处溢流造成损失。停水自动关闭水龙头除具有普通水龙头的用水功能外还能在管路“停水”时自动关闭，以免发生上述情况。它是一种理想的节水节能产品，尤其适用于水压不稳或定时供水的地区。

6. 节水型卫生洁具

节水型卫生洁具包括节水型淋浴器具、坐便器、小便器等。

（1）节水型淋浴器具。淋浴器具是各种浴室的主要洗浴设施。浴室的年耗水量很大，据不完全统计，约占生活用水量的1/3。为了克服浪费现象，最有效的方法是采用非手控给水方式，例如，脚踏式淋浴阀，电控、超声控制等多种淋浴阀。

（2）坐便器。坐便器即抽水马桶，其用水量是由坐便器本身的构造决定的，冲洗用水量发展变化的情况为：17L→15L→13L→9L→6L→31/6L。坐便器是卫生间的必备设施，用水量占到家庭用水量的30%~40%，所以坐便器节水非常重要。坐便器按冲洗方式分为三类，即虹吸式、冲洗式和冲洗虹吸式。目前，坐便器从冲洗水量和噪声控制上有很大改进。感应式坐便器是在满足节水型坐便器的条件下改变控制方式，根据红外线感应控制电磁阀冲水，从而达到自动冲洗的节水效果。

（3）小便器。小便器包括节水型小便器（分为同时冲洗和个别冲洗两种），免冲式小便器（小便槽用不透水保护涂层预涂，以阻止细菌生长和结垢），以及感应式小便器，它也是根据红外线感应控制电磁阀冲水，达到冲洗节能效果。

4. 沟槽式公厕自动冲洗装置

沟槽式公厕由于它的集中使用性和维护管理简便等独特的性能，目前在学校等公共场所仍在使用，所以卫生和节水成为主要考核指标。常用于沟槽式公厕的冲水装置有：

（1）水力自动冲洗装置。水力自动冲洗装置由来已久，其最大的缺点是只能单纯实现定时定量冲洗，在卫生器具使用的低峰期（如午休、夜间，节假日等）也照样冲洗，造成水的大量浪费。

（2）感应控制冲洗装置。感应控制冲洗装置的原理及特点：采用先进的人体红外感应原理及微电脑控制，有人如厕时，定时冲洗；夜间、星期天及节假日无人如厕时，自动停止冲洗。感应式控制冲洗器适用于学校、厂矿、医院等单位沟槽式厕所的节水型冲洗设备。应用此产品组成的洗系统，不仅冲洗力大，冲洗效果好，而且解决了旧式虹吸水箱一天 24h 长流不停，用水严重浪费的问题。每个水箱每天可比旧式虹吸水箱节水 16L 以上，节水率超过 80%。

（3）压力虹吸式冲洗水箱。压力虹吸式是一种特制的水箱，发泡塑料纸做的浮圈代替了进水阀的浮球及排水阀提水盘。拉动手柄，浮圈被压下降，箱内的水位上升至虹吸水位，立即排水。其有效水量 7L，比标准水箱的 11 L 少用水 36%。这种水箱零件少，经久耐用，但是它不能分挡，适用于另设小便器的单位厕所的蹲式大便器。

（4）延时自闭式高水箱。延时自闭式高水箱按力大时，排水时间长，排水量大；按力小时则排水时间短，排水量小，其排水量可控制在 5~11L，节水近 40%。

第三节　工农业节水技术与措施探究

一、工业节水技术与措施探究

工业用水指工业生产过程中使用的生产用水及厂区内职工生活用水的总称。生产用水主要用途有：1. 原料用水，直接作为原料或作为原料一部分而使用的水；2. 产品处理用水；3. 锅炉用水；4. 冷却用水等。其中冷却用水在工业用水中一般占 60%~70%。工业用水量虽较大，但实际消耗量并不多，一般耗水量约为其总用水量的 0.5%~10%，即有 90%以上的水量使用后经适当处理仍可以重复利用。

目前我国工业万元产值用水量为78m³，美国是8m³，日本只有6m³；我国工业用水的重复利用率近年来虽然有所提高，但仍然低于发达国家平均值75%~85%。我国城市工业用水占城市用水量的比例约60%~65%，其中约80%由工业自备水源供给。

（一）工业节水的基本途径

工业节水的基本途径，大致可分为三个方面：

1. 加强企业用水管理

通过开源与节流并举，加强企业用水管理。开源指通过利用海水、大气冷源、人工制冷、一水多用等，以减少水的损失或冷却水量，提高用水效率。节流是指通过强化企业用水管理，企业建立专门的用水管理机构和用水管理制度，实行节水责任制，考核落实到生产班组，并进行必要的奖惩，达到杜绝浪费、节约用水的目的。

2. 通过工艺改革以节约用水

实行清洁生产战略，改变生产工艺或采用节水以至无水生产工艺，合理进行工业或生产布局，以减少工业生产对水的需求。通过生产工艺的改革实行节约用水，减少排放或污染才是根本措施。

3. 提高工业用水的重复利用率

提高工业用水重复利用率的主要途径：改变生产用水方式（如改用直流水为循环用水），提高水的循环利用率及回用率。提高水的重复利用率，通常可在生产工艺条件基本不变的情况下进行，是比较容易实现的，因而是工业节水的主要途径。①

（二）工业节水技术与措施

工业用水需求呈增长趋势将进一步凸显水资源短缺的矛盾。目前，我国工业取水量约占总取水量的四分之一左右，其中高用水行业取水量占工业总取水量60%左右。随着工业化、城镇化进程的加快，工业用水量还将继续增长，水资源供需矛盾将更加突出。

为加强对水资源的管理，近年来，我国制定了《工业节水管理办法》，规范企业用水行为，将工业节水纳入了法制化管理；编制了《全国节水规划纲要》《中国节水技术政策大纲》《重点工业行业取水指导指标》《节水型企业评价导则》《用水单位水计量器具配备和管理通则》《企业水平衡测试通则》及《企业用水统计通则》等文件；颁布了火力发电、钢铁、石油、印染、造纸、啤酒、酒精、合成氨、味精等九个行业的取水定额；加大了以节水为重点的结构调整和技术改造力度。根据国内各地水资源状况，按照“以水定

① 王向飞，时秀梅，孙旭. 水资源规划及利用［M］. 中国华侨出版社，2020.

供、以供定需”的原则，调整了产业结构和工业布局。缺水地区严格限制新上高取水工业项目，禁止引进高取水、高污染的工业项目，鼓励发展用水效率高的高新技术产业；围绕工业节水发展重点，在注重加快节水技术和节水设备、器具及污水处理设备的研究开发的同时，将重点节水技术研究开发项目列入了国家和地方重点创新计划和科技攻关计划，一些节水技术和新设备得到了利用。

工业节水措施主要可以分为三种类型：

1. 调整产业结构，改进生产工艺

加快淘汰落后高用水工艺、设备和产品。依据《重点工业行业取水指导指标》，对现有企业达不到取水指标要求的落后产品，要进一步加大淘汰力度。大力推广节水工艺技术和设备。围绕工业节水重点，组织研究开发节水工艺技术和设备，大力推广当前国家鼓励发展的节水设备（产品），重点推广工业用水重复利用、高效冷却、热力和工艺系统节水、洗涤节水等通用节水技术和生产工艺。重点在钢铁、纺织、造纸和食品发酵等高耗水行业推进节水技术。

钢铁行业：推广干法除尘、干熄焦、干式高炉炉顶余压发电（TRT）、清污分流、循环串级供水技术等。纺织行业：推广喷水织机废水处理再循环利用系统、棉纤维素新制浆工艺节水技术、缫丝工业污水净化回用装置、洗毛污水零排放多循环处理设备、印染废水深度处理回用技术、逆流漂洗、冷轧堆染色、湿短蒸工艺、高温高压气流染色、针织平幅水洗，以及数码喷墨印花、转移印花、涂料印染等少用水工艺技术、自动调浆技术和设备等在线监控技术与装备。造纸行业：推广连续蒸煮、多段逆流洗涤、封闭式洗筛系统、氧脱木素、无元素氯或全无氯漂白、中高浓技术和过程智能化控制技术、制浆造纸水循环使用工艺系统、中段废水物化生化多级深度处理技术，以及高效沉淀过滤设备、多元盘过滤机、超效浅层气浮净水器等。食品与发酵行业：推广湿法制备淀粉工业取水闭环流程工艺、高浓糖化醪发酵（酒精、啤酒等）和高浓度母液（味精等）提取工艺，浓缩工艺普及双效以上蒸发器，推广应用余热型溴化锂吸收式冷水机组，开发应用发酵废母液、废糟液回用技术，以及新型螺旋板式换热器和工业型逆流玻璃钢冷却塔等新型高效冷却设备等。切实加强重点行业取水定额管理。严格执行取水定额国家标准，对钢铁、染整、造纸、啤酒、酒精、合成氨、味精和医药等行业，加大已发布取水定额国家标准实施监察力度，对不符合标准要求的企业，限期整改。

2. 提高工业用水重复利用率，加强非常规水资源利用

发展工业用水重复利用技术、提高工业用水重复利用率是当前工业节水的主要途径。发展重复用水系统，淘汰直流用水系统，发展水闭路循环工艺、冷凝水回收再利用技术、节水冷却技术。工业冷却水用量占工业用水量的80%以上，取水量占工业取水量的30%～

40%，发展高效节水冷却技术、提高冷却水利用效率、减少冷却水用量是工业节水的重点之一。

节水冷却技术主要包括以下几点：

（1）改直接冷却为间接冷却。在冷却过程中，特别是化学工业，如采用直接冷却的方法，往往使冷却水中夹带较多的污染物质，使其丧失再利用的价值，如能改为间接冷却，就能克服这个缺点。

（2）发展高效换热技术和设备。换热器是冷却对象与冷却水之间进行热交换的关键设备。必须优化换热器组合，发展新型高效换热器，例如盘管式敞开冷却器应采用密封式水冷却器代替。

（3）发展循环冷却水处理技术。循环冷却系统在运行过程中，需要对冷却水进行处理，以达到防腐蚀、阻止结垢、防止微生物粘泥的目的。处理方法有化学法、物理法等，现在使用较多的是化学法。目前，正广泛使用的磷系缓蚀阻垢剂、聚丙烯酸等聚合物和共聚物阻垢剂曾经使冷却水处理技术取得了突破性进展，一直是国内外研究开发的重点，并被认为是无毒的。但研究表明，它们会使水体富营养化，又是高度非生物降解的，因而均属于对环境不友好产品。近年来，受动物代谢过程启发合成的一种新的生物高分子——聚天冬氨酸，被誉为是更新换代的绿色阻垢剂。

（4）发展空气冷却替代水冷的技术。空气冷却技术是采用空气作为冷却介质来替代水冷却，不存在环境污染和破坏生态平衡等问题。空气冷却技术有节水、运行管理方便等优点，适用于中、低温冷却对象。空气冷却替代水冷是节约冷却水的重要措施，间接空气冷却可以节水 90%。

（5）发展汽化冷却技术。汽化冷却技术是利用水汽化吸热，带走被冷却对象热量的一种冷却方式。受水汽化条件的限制，在常规条件下，汽化冷却只适用于高温冷却对象，冷却对象要求工作温度最高为 100℃，多用于平炉、高炉、转炉等高温设备。对于同一冷却系统，用汽化冷却所需的水量仅有温升为 10℃时水冷却水量的 2%，并减少了 90%的补充水量。实践证明，在冶金工业中以汽化冷却技术代替水冷却技术后，可节约用水 80%；同时，汽化冷却所产生的蒸汽还可以再利用，或者并网发电。

加强海水、矿井水、雨水、再生水、微咸水等非常规水资源的开发利用。在不影响产品质量的前提下，靠近海边的钢铁、化工、发电等工厂可用海水代替淡水冷却。海滨城市也可将海水用于清洁卫生。我国工业用水中冷却水及其他低质用水占 70%以上，这部分水可以用海水、苦咸水和再生水等非传统水资源替代。积极推进矿区开展矿井水资源化利用，鼓励钢铁等企业充分利用城市再生水。支持有条件的工业园区、企业开展雨水集蓄利用。

鼓励在废水处理中应用臭氧、紫外线等无二次污染消毒技术。开发和推广超临界水处理、光化学处理、新型生物法、活性炭吸附法、膜法等技术在工业废水处理中的应用。这样，经处理后的污水就可以重复利用；不能利用的，外排也不会污染水源。

3. 加强企业用水管理

加强企业用水管理是节水的一个重要环节。只有加强企业用水管理，才能合理使用水资源，取得增产、节水的效果。工业企业要做到用水计划到位、节水目标到位、节水措施到位、管水制度到位。积极开展创建节水型企业活动，落实各项节水措施。

企业应建全用水管理制度，健全节水管理机构，进行节水宣传教育，实行分类计量用水并定期进行企业水平衡测试，按照《节水型企业评价导则》，对企业用水情况进行定期评价与改进。

二、农业节水技术与措施探究

（一）农业节水的意义与内容

我国是农业大国，以农业经济为主的西北地区，农业用水占整个地区用水的比重更大，甘肃、内蒙古、宁夏和新疆等省区农业用水量占当地总用水量比例超过75%。区域性缺水极大地限制了当地经济和工业的发展。从干旱分布情况来看，我国黄河以北地区的干旱面积较大。我国目前农业用水的有效利用率不到50%，与发达国家的70%~80%的利用率相差甚远，农业节水灌溉对我国农业以及经济的发展具有深远意义。如果灌溉水利用率提高10%~15%，同时灌溉水生产率也提高10%~15%，可减少灌溉用水量约（800~1 000）$\times 10^8 m^3$。

节水农业以水、土、作物资源综合开发利用为基础，以提高农业用水效率和效益为目标。衡量节水农业的标准是作物的产量及其品质、水的利用率及水分生产率。节水农业包括节水灌溉农业和旱地农业。节水灌溉农业综合运用工程技术、农业技术及管理技术，合理开发利用水资源，以提高农业用水效益。旱地农业指在降水偏少、灌溉条件差的地区所从事的农业生产。节水农业包含的内容：1. 农学范畴的节水，如调整农业结构、作物结构，改进作物布局，改善耕作制度（调整熟制、发展间套作等），改进耕作技术（整地、覆盖等），培育耐旱品种等；2. 农业管理范畴的节水，包括管理措施、管理体制与机构，水价与水费政策，配水的控制与调节，节水措施的推广应用等；3. 灌溉范畴的节水，包括灌溉工程的节水措施和节水灌溉技术，如喷灌、滴灌等。

（二）农业节水技术与措施

1. 喷灌节水技术

喷灌是把有压力的水通过装有喷头的管道喷射到空中形成水滴洒到田间的灌水方法。这种灌溉方法比传统的地面灌溉节水 30%~50%，增产 20%~30%，具有保土、保水、保肥、省工和提高土地利用率等优点。喷灌在使用过程中不断改进，喷灌节水设备已从固定式发展到移动式，提高了喷灌的适应性。

2. 滴灌节水技术

滴灌是利用塑料管（滴灌管）道将水通过直径约 10mm 毛管上的孔口或滴头送到作物根部进行局部灌溉。滴灌几乎没有蒸发损失和深层渗漏，在各种地形和土壤条件下都可使用，最为省水。实验结果表明，滴灌比喷灌节水 33.3%，节电 41.3%，比畦灌节水 81.6%，节电 85.3%，与大水漫灌相比，一般可增产 20%~30%。

3. 微灌节水技术

微灌是介于喷灌、滴灌之间的一种节水灌溉技术，它比喷灌需要的水压力小，雾化程度高，喷洒均匀，需水量少。喷头也不像滴灌那样易堵塞，但出水量较少，适于缺水地区蔬菜、果木和其他经济作物灌溉。

4. 渗灌节水技术

渗灌是利用埋设在地下的管道，通过管道本身的透水性能或出水微孔，将水渗入土壤中，供作物根系吸收，这种灌溉技术适用的条件是地下水位较深，灌溉水质好，没有杂物，暗管的渗水压强应和土壤渗吸性相适应，压强过小则出水慢，不能满足作物需水要求，压强过大则增加深层渗漏，达不到节水的目的。常用砾石混凝土管、塑料管等作为渗水管，管壁有一定的孔隙面积，使水流通过渗入土壤。渗灌比地面灌溉省水省地，但因造价高、易堵塞和不易检修等原因，所以发展较慢。

5. 渠道防渗

渠道防渗不仅可以提高流速，增加流量，防止渗漏，而且可以减少渠道维修管理费用。渠道防渗方法有两种：一种是通过压实改变渠床土壤渗透性能，增加土壤的密实度和不透水性；二是用防渗材料如混凝土、塑料薄膜、砌石、水泥、沥青等修筑防渗层。混凝土衬砌是较普遍采用的防渗方法，防渗防冲效果好，耐久性强，但造价高。塑料薄膜防渗效果好，造价也较低，但为防止老化和破损，需加覆盖层，在流速小的渠道中，加盖 30cm 以上的保护土层；在流速大的渠道中，加混凝土保护。防渗渠道的断面有梯形、矩形和 U 形，其中 U 形混凝土槽过水流量大，占地少，抗冻效果好，所以应用较多。

6. 塑料管道节水技术

塑料管道有两种：一种是适用于地面输水的软塑管道，另一种是埋入地下的硬塑管道。地面管道输水有使用方便、铺设简单、可以随意搬动、不占耕地、用后易收藏等优点，最主要的是可避免沿途水量的蒸发渗漏和跑水，据实测，水的有效利用率98%，比土渠输水节省30%~36%。地下管道输水灌溉，它有技术性能好、使用寿命长、节水、节地、节电、增产、增效、输水方便等优点。塑料管材的广泛应用，可以有效节约水资源，为增产增收提供了可靠的保证。

我国目前灌溉面积占总耕地面积不足一半，灌溉水利用率低，不到50%，而先进国家达到70%~80%。我国1m^3水粮食生产能力只有1.2kg左右，而先进国家为2kg，以色列达2.32kg。全国节水灌溉工程面积占有效灌溉面积的1/3，采用喷灌、滴灌等先进节水措施的灌溉面积仅占总灌溉面积的4.6%，而有些发达国家占灌溉面积的80%以上，美国占50%。国内防渗渠道工程仅占渠道总长的20%。由此可以看出，我国农业节水技术水平还比较低，农业节水潜力很大。

第四节　海水淡化与雨水有效利用技术探究

一、海水利用与淡化技术

（一）海水利用基础

在沿海缺乏淡水资源的国家和地区，海水资源的开发利用越来越得到重视。海水利用包括直接利用和海水淡化利用两种途径。

1. 国内外海水利用概况

国外沿海国家都十分重视对海水的利用，美国、日本、英国等发达国家都相继建立了专门机构，开发海水的代用及淡化技术。据统计，全球海水淡化总产量已达到日均6 348万t，海水冷却水年用量超过7 000×108m^2。美国在20世纪80年代用于冷却水的海水量就已达到$720\times10^8 m^3/a$，目前工业用水的20%~30%仍为海水。日本在20世纪30年代就开始将海水用于工业冷却水。日本每年直接利用海水近$2\ 000\times10^8 m^3$。当今海水淡化装置主要分布在两类地区：一是沿海淡水紧缺的地区，如中东的科威特、沙特阿拉伯、阿联酋、美国的圣迭戈市等国家和地区；二是岛屿地区，如美国的佛罗里达群岛、基韦斯特海军基地和中国的西沙群岛等。

目前我国沿海城市发展速度迅速，城市需水量大，淡水资源严重不足，供需矛盾日益突出。沿海城市的海水综合利用开发是解决淡水资源缺乏的重要途径之一。青岛、大连、天津等沿海城市多年来直接利用海水用于工业生产，节约了大量淡水资源。

2. 海水水质特征

海水化学成分十分复杂，主要是含盐量远高于淡水。海水中总含盐量高达 6 000~50 000mg/L，其中氯化物含量最高，约占总含盐量 89%左右；硫化物次之，再次为碳酸盐及少量其他盐类。海水中盐类主要是氯化钠，其次是氯化镁、硫酸镁和硫酸钙等。与其他天然水源所不同的一个显著特点是海水中各种盐类和离子的质量比例基本衡定。

按照海域的不同使用功能和保护目标，我国将海水水质分成四类：第一类，适用于海洋渔业水域，海上自然保护区和珍稀濒危海洋生物保护区；第二类，适用于水产养殖区，海水浴场，人体直接接触海水的海上运动或娱乐区，以及与人类食用直接有关的工业用水区；第三类，适用于一般工业用水区，滨海风景旅游区；第四类，适用于海洋港口水域，海洋开发作业区。具体分类标准可参考《海水水质标准》（GB 3097—1997）。

3. 海水利用途径

海水作为水资源的利用途径有直接利用和海水淡化后综合利用。直接利用指海水经直接或简单处理后作为工业用水或生活杂用水，可用于工业冷却、洗涤、冲渣、冲灰、除尘、印染用水、海产品洗涤、冲厕、消防等用途。海水经淡化除盐后可作为高品质的用水，用于生活饮用、工业生产等，可替代生活饮用水。

直接取用海水作为工业冷却水占海水利用总量的 90%左右。使用海水冷却的对象有：火力发电厂冷凝器、油冷器、空气和氨气冷却器等；化工行业的蒸馏塔、炭化塔、煅烧炉等；冶金行业气体压缩机、炼钢电炉、制冷机等；食品行业的发酵反应器、酒精分离器等。

（二）海水利用技术

1. 海水直接利用技术

（1）工业冷却用水。工业冷却水占工业用水量的 80%左右，工业生产中海水被直接用作冷却水的用量占海水总用量的 90%左右。利用海水冷却的方式有间接冷却和直接冷却两种。其中以间接冷却方式为主，它是一种利用海水间接换热的方式达到冷却目的，如冷却装置、发电冷凝、纯碱生产冷却、石油精炼、动力设备冷却等都采用间接冷却方式。直接冷却是指海水与物料接触冷却或直喷降温冷却方式。在工业生产用水系统方面，海水冷却水的利用有直流冷却和循环冷却两种系统。直流冷却效果好，运行简单，但排水量大，对海水污染严重；循环冷却取水量小，排污量小，总运行费用低，有利于保护环境。海水冷却的优点：①水源稳定，水量充足；②水温适宜，全年平均水温 0~25℃，利于冷却；

③动力消耗低，直接近海取水，降低输配水管道安装及运行费用；④设备投资较少，水处理成本较低。

（2）海水用于再生树脂还原剂。在采用工业阳离子交换树脂软化水处理技术中，需要定期对交换树脂床进行再生。用海水替代食盐作为树脂再生剂，对失效的树脂进行再生还原，这样既节省盐又节约淡水。

（3）海水作为化盐溶剂。在制碱工业中，利用海水替代自来水溶解食盐，不仅节约淡水，而且利用了海水中的盐分减少了食盐用量，降低制碱成本。例如，天津碱厂使用海水溶盐，每吨海水可节约食盐15kg，仅此一项每年可创效益约180万元。

（4）海水用于液压系统用水。海水可以替代液压油用于液压系统，海水水温稳定、黏度较恒定，系统稳定，使用海水作为工作介质的液压系统，构造简单，不需要设冷却系统、回水管路及水箱。海水液压传动系统能够满足一些特殊环境条件下的工作，如潜水器浮力调节、海洋钻井平台及石油机械的液压传动系统。

（5）冲洗用水。海水简单处理后即可用于冲厕。香港从20世纪50年代末开始使用海水冲厕，通过进行海水、城市再生水和淡水冲厕三种方案的技术经济对比，最终选择海水冲厕方案。我国北方沿海缺水城市天津、青岛、大连也相继采用海水冲厕技术，节约了淡水资源。

（6）消防用水。海水可以作为消防系统用水，应用时应注意消防系统材料的防腐问题。

（7）海产品洗涤。在海产品养殖中，海水用于洗涤海带、海鱼、虾、贝壳类等海产品的清洗加工。用于洗涤的海水需要进行简单的预处理，加以澄清以去除悬浮物、菌类，可替代淡水进行加工洗涤，节约大量淡水资源。

（8）印染用水。海水中一些成分是制造染料的中间体，对染整工艺中染色有促进作用。海水可用于印染行业中煮炼、漂白、染色和漂洗等工艺，节约淡水资源和用水量，减少污染物排放量。我国第一家海水印染厂1986年建于山东荣成石岛镇，该厂采用海水染色纯棉平纹，比淡水染色工艺节约染料、助剂约30%~40%；染色牢固度提高两级，节约用水1/3。

（9）海水脱硫及除尘。海水脱硫工艺是利用海水洗涤烟气，并作为SO吸收剂，无需添加任何化学物质，几乎没有副产物排放的一种湿式烟气脱硫工艺。该工艺具有较高的脱硫效率。海水脱硫工艺系统由海水输送系统、烟气系统、吸收系统、海水水质恢复系统、烟气及水质监测系统等组成。海水不仅可以进行烟气除尘，还可用于冲灰。国内外很多沿海发电厂采用海水作冲灰水，节约大量淡水资源。

2. 海水淡化技术

海水淡化是指除去海水中的盐分而获得淡水的工艺过程。海水淡化是实现水资源利用的开源增量技术，可以增加淡水总量，而且不受时空和气候影响，水质好、价格渐趋合理。淡化后海水可以用于生活饮用、生产等各种用水领域。

不同的工业用水对水的纯度要求不同。水的纯度常以含盐量或电阻率表示。含盐量指水中各种阳离子和阴离子总和，单位为mg/L或%。电阻率指1cm^{3}体积的水所测得的电阻，单位为欧姆厘米（Ω·cm）。根据工业用水水质不同，将水的纯度分为四种类型，见表3-1。

表3-1　水的纯度类型

类 型	含盐量/(mg/L)	电阻率/(Ω·cm)
淡化水	$n\sim n\times100$	$n\times100$
脱盐水	1.0~5.0	$(0.1\sim1.0)\times10^6$
纯水	<0.1	$(1.0\sim10)\times10^6$
高纯水	<0.1	$>10\times10^6$

淡化水，一般指将高含盐量的水如海水，经过除盐处理后成为生活及生产用的淡水。脱盐水相当于普通蒸馏水。水中强电解质大部分已去除，剩余含盐量约为1~5mg/L。25℃时水的电阻率为0.1~1.0MΩ·cm。纯水，亦称去离子水。纯水中强电解质的绝大部分已去除，而弱电解质也去除到一定程度，剩余含盐量在1mg/L以下，25℃时水的电阻率为1.0~10MΩ·cm。高纯水又称超纯水，水中的电解质几乎已全部去除，而水中胶体微粒微生物、溶解气体和有机物也已去除到最低的程度。高纯水的剩余含盐量应在0.1mg/L以下，25℃时，水的电阻率在10MΩ·cm以上。理论上纯水（即理想纯水）的电阻率应等于18.3MΩ·cm（25℃时）。

目前，海水淡化方法有蒸馏法、反渗透法、电渗析法和海水冷冻法等。目前，中东和非洲国家的海水淡化设施均以多级闪蒸法为主，其他国家则以反渗透法为主。

（1）蒸馏法。蒸馏法是将海水加热气化，待水蒸气冷凝后获取淡水的方法。蒸馏法依据所用能源、设备及流程的不同，分为多级闪蒸、低温多效和蒸汽压缩蒸馏等，其中以多级闪蒸工艺为主。

（2）反渗透法。反渗透法指在膜的原水一侧施加比溶液渗透压高的外界压力，原水透过半透膜时，只允许水透过，其他物质不能透过而被截留在膜表面的过程。反渗透法是20世纪50年代美国政府援助开发的净水系统，60年代用于海水淡化。采用反渗透法制造纯净水的优点是脱盐率高，产水量大，化学试剂消耗少，水质稳定，离子交换树脂和终端过滤器寿命长。由于反渗透法在分离过程中，没有相态变化，无需加热，能耗少，设备简单，易于维护和设备模块化，正在逐渐取代多级闪蒸法。

（3）电渗析法。电渗析法是利用离子交换膜的选择透过性，在外加直流电场的作用下使水中的离子有选择地定向迁移，使溶液中阴阳离子发生分离的一种物理化学过程，属于一种膜分离技术，可以用于海水淡化。海水经过电渗析，所得到的淡化液是脱盐水，浓缩液是卤水。

（4）海水冷冻法。冷冻法是在低温条件下将海水中的水分冻结为冰晶并与浓缩海水分离而获得淡水的一种海水淡化技术。冷冻海水淡化法原理是利用海水三相点平衡原理，即海水汽、液、固三相共存并达到平衡的一个特殊点。若改变压力或温度偏离海水的三相平衡点，平衡被破坏，三相会自动趋于一相或两相。真空冷冻法海水淡化技术利用海水的三相点原理，以水自身为制冷剂，使海水同时蒸发与结冰，冰晶再经分离、洗涤而得到淡化水的一种低成本的淡化方法。真空冷冻海水淡化工艺包括脱气、预冷、蒸发结晶、冰晶洗涤、蒸汽冷凝等步骤。与蒸馏法、膜海水淡化法相比，冷冻海水淡化法腐蚀结垢轻，预处理简单，设备投资小，并可处理高含盐量的海水，是一种较理想的海水淡化技术。海水淡化法工艺的温度和压力是影响海水蒸发与结冰速率的主要因素。冷冻法在淡化水过程中需要消耗较多能源，获取的淡水味道不佳，该方法在技术中还存在一些问题，影响到其使用和推广。

（三）海水利用实例

1. 大亚湾核电站——海水代用冷却水

大亚湾核电站位于广东省深圳市西大亚湾北岸，是我国第一个从国外引进的大型核能建设项目。核电站由两台装机容量为 100×10^4 kW 压水堆机组成，总投资 40 亿美元。自 1994 年投产，年发电量均在 100×10^8 kW · h 以上，运行状况良好。在核电站旁边还建有四台 100×10^4 kW 机组，分别于 2003 年和 2010 年投入运营。大亚湾核电站冷却水流量高达 90m^3/s 以上，利用海水冷却。采用渠道输水，取水口设双层钢索拦网以防止轮船撞击。取水流速与湾内水流接近，以减少生物和其他物质的进入。泵站前避免静水区，减少海藻繁殖和泥沙沉积。

2. 华能玉环电厂海水淡化工程

华能玉环电厂位于浙江东南部。浙江东南部属于温带气候，海水年平均温度 15℃。规划总装机 600 万 kW，现运行有四台 100 万 kW 超临界燃煤机组。华能玉环电厂海水利用方式有两种：一种是海水直接利用，另一种是海水淡化利用。

华能玉环电厂直接取原海水作为循环冷却水，经过凝汽器后的排水实际水温上升可达 9℃，基本满足反渗透工艺对水温的要求。按 1 440m^3/h 淡水制水量计算，若过滤装置回收率以90%计，第一级反渗透水回收率以45%计，第二级反渗透水回收率以85%计，则反渗透淡化工程的原海水取用量4 200m^3/h。

电厂使用的全部淡水，包括工业冷却水、锅炉补给水、生活用水等均通过海水淡化制取。海水淡化系统采用双膜法，即“超滤+反渗透”工艺，设计制水能力1 440m^3/h，每天约产淡水35 000m^3，每年节约淡水资源（900~1 200）×10^4m^3，并可为当地居民用水提供后备用水。

华能玉环电厂海水淡化系统选用了浸没式超滤膜，其性能介于微滤和超滤之间。原海水经过反应沉淀后进入超滤装置处理，其产水再进入超滤产水箱，为后续反渗透脱盐系统待用。

常规的反渗透系统设计中一般需配置加热装置，维持25℃的运行温度，以获得恒定的产水量。该厂取来源于经循环冷却水后已升温的海水，基本满足了反渗透工艺对水温的要求，冷却进水加热器，简化系统设备配置、节省投资，同时采用了可变频运行的高压泵，在冬季水温偏低时，可提高高压泵的出口压力，以弥补因水温而引起的产水量降低的缺陷。

超滤产水箱流出的清洁海水通过升压泵进入5μm保安过滤器。通过保安过滤器的原水经高压泵加压后进入第一级反渗透膜堆，该单元为一级一段排列方式，配七芯装压力容器，单元回收率45%，脱盐率大于99%。产水分成两路，一路直接进入工业用水分配系统。由于产水的pH值在6.0左右，故需在输送管路上对这部分水加碱，以维持合适的pH值，减少对工业水管道的腐蚀。另一路进入一级淡水箱，作为二级反渗透的进水。

一级淡化单元中采用了目前国际上先进的PX型能量回收装置，将反渗透浓水排放的压力作为动力以推动反渗透装置的进水。此时高压泵的设计流量仅为反渗透膜组件进水流量的45%，而另55%的流量只需通过大流量、低扬程的增压泵来完成即可。能量回收效率达95%以上。经过能量回收之后排出的浓盐水排至浓水池，作为电解海水制取次氯酸钠系统的原料水，由于这部分浓水是被浓缩了1.8~2倍的海水，提高了电解海水装置的效率。电解产品次氯酸钠被进一步综合利用。

一级淡水箱出水通过高压泵直接进入第二级反渗透膜堆，之间设置管式过滤器以除去大颗粒杂质。该单元为一级二段排列方式，配六芯装压力容器，单元回收率85%，脱盐率大于97%。二级产水直接进入二级淡水箱，作为化学除盐系统预脱盐水、生活用水。浓水被收集后返回超滤产水箱回用。

二、雨水利用技术

雨水利用作为一种古老的传统技术一直在缺水国家和地区被广泛应用。随着城镇化进程的推进，造成地面硬化改变了原地面的水文特性，干预了自然的水温循环。这种干预致使城市降水蒸发、入渗量大大减少，降雨洪峰值增加，汇流时间缩短，进而加重了城市排水系统的负荷，土壤含水量减少，热岛效应及地下水位下降现象加剧。

通过合理的规划和设计，采取相应的工程措施开展雨水利用，既可缓解城市水资源的供需矛盾，又可减少城市雨洪的灾害。雨水利用是水资源综合利用中的一项新的系统工程，具有良好的节水效能和环境生态效应。①

（一）雨水利用的基本概念与意义

雨水利用是一种综合考虑雨水径流污染控制、城市防洪以及生态环境的改善等要求。建立包括屋面雨水集蓄系统、雨水截污与渗透系统、生态小区雨水利用系统等。将雨水用作喷洒路面、灌溉绿地、蓄水冲厕等城市杂用水的雨水收集利用技术是城市水资源可持续利用的重要措施之一。雨水利用实际上就是雨水入渗、收集回用、调蓄排放等的总称。主要包括三个方面的内容：入渗利用，增加土壤含水量，有时又称间接利用；收集后净化回用，替代自来水，有时又称直接利用；先蓄存后排放，单纯消减雨水高峰流量。

雨水利用的意义可表现在以下四个方面：

第一，节约水资源，缓解用水供需矛盾。将雨水用作中水水源、城市消防用水、浇洒地面和绿地、景观用水、生活杂用等方面，可有效节约城市水资源，缓解用水供需矛盾。

第二，提高排水系统可靠性。通过建立完整的雨水利用系统（由调蓄水池、坑塘、湿地、绿色水道和下渗系统共同构成），有效削减雨水径流的高峰流量，提高已有排水管道的可靠性，防止城市洪涝，减少合流制管道雨季的溢流污水，改善水体环境，减少排水管道中途提升容量，提高其运行安全可靠性。

第三，改善水循环，减少污染。强化雨水入渗，增加土壤含水量，增加地下水补给量，维持地下水平衡，防止海水入侵，缓解由于城市过度开采地下水导致的地面沉降现象；减少雨水径流造成的污染物。雨水冲刷屋顶、路面等硬质铺装后，屋面和地面污染物通过径流带入水中，尤其是初期雨水污染比较严重。雨水利用工程通过低洼、湿地和绿化通道等沉淀和净化，再排到雨水管网或河流，起到拦截雨水径流和沉淀悬浮物的作用。

第四，具有经济和生态意义。雨水净化后可作为生活杂用水、工业用水，尤其是一些必须使用软化水的场合。雨水的利用不仅减少自来水的使用量，节约水费，还可以减少软化水的处理费用，雨水渗透还可以节省雨水管道投资；雨水的储留可以加大地面水体的蒸发量，创造湿润气候，减少干旱天气，利于植被生长，改善城市生态环境。

---

① 王向飞，时秀梅，孙旭. 水资源规划及利用［M］. 中国华侨出版社，2020.

（二）雨水利用技术

雨水利用可以分为直接利用（回用）、雨水间接利用（渗透）及雨水综合利用等。直接利用技术是通过雨水收集、储存、净化处理后，将雨水转化为产品水供杂用或景观用水，替代清洁的自来水。雨水间接利用技术是用于渗透补充地下水。按规模和集中程度不同分为集中式和分散式，集中式又分为干式及湿式深井回灌，分散式又分为渗透检查井、渗透管（沟）、渗透池（塘）、渗透地面、低势绿地及雨水花园等。雨水综合利用技术是采用因地制宜措施，将回用与渗透相结合，雨水利用与洪涝控制、污染控制相结合，雨水利用与景观、改善生态环境相结合等。

1. 雨水径流收集

（1）雨水收集系统分类及组成。雨水收集与传输是指利用人工或天然集雨面将降落在下垫面上的雨水汇集在一起，并通过管、渠等输水设施转移至存储或利用部位。根据雨水收集场地不同，分为屋面集水式和地面集水式两种。

屋面集水式雨水收集系统由屋顶集水场、集水槽、落水管、输水管、简易净化装置、储水池和取水设备组成。地面集水式雨水收集系统由地面集水场、汇水渠、简易净化装置、储水池和取水设备组成。

（2）雨水收集场。雨水收集场可分为屋面收集场和地面收集场。

屋面收集场设于屋顶，通常有平屋面和坡屋面两种形式。屋面雨水收集方式按雨落管的位置分为外排收集系统和内排收集系统。雨落管在建筑墙体外的称为外排收集系统，在外墙以内的称为内排收集系统。

地面集水场包括广场、道路、绿地、坡面等。地面雨水主要通过雨水收集口收集。街道、庭院、广场等地面上的雨水首先经雨水口通过连接管入排水管渠。雨水口的设置，应能保证迅速有效地收集地面雨水。雨水口及连接管的设计应参照《室外排水设计规范》（GB50014—2006）（2014年）执行。

2. 雨水入渗

雨水入渗是通过人工措施将雨水集中并渗入补给地下水的方法。其主要功能可以归纳为以下方面：补给地下水维持区域水资源平衡；滞留降雨洪峰有利于城市防洪；减少雨水地面径流时造成的水体污染；雨水储流后强化水的蒸发，改善气候条件，提高空气质量。

（1）雨水入渗方式和渗透设施。雨水入渗可采用绿地入渗、透水铺装地面入渗、浅沟入渗、洼地入渗、浅沟渗渠组合入渗、渗透管沟、入渗井、入渗池、渗透管-排放组合等方式。在选择雨水渗透设施时，应首先选择绿地、透水铺装地面、渗透管沟、入渗井等入渗方式。

（2）雨水渗透装置的设置。雨水渗透装置分为浅层土壤入渗和深层入渗。浅层土壤入渗的方法主要包括：地表直接入渗、地面蓄水入渗和利用透水铺装地板入渗等。雨水深层入渗是指城市雨水引入地下较深的土壤或砂、砾层入渗回补地下水。深层入渗可采用砂石坑入渗、大口井入渗、辐射井入渗及深井回灌等方式。

雨水入渗系统设置具有一定限制性，在下列场所不得采用雨水入渗系统：①在易发生陡坡坍塌、滑坡灾害的危险场所；②对居住环境和自然环境造成危害的场所；③自重湿陷性黄土、膨胀土和高含盐土等特殊土壤地质场所。

3. 雨水储留设施

雨水利用或雨水作为再生水的补充水源时，需要设置储水设施进行水量调节。储水形式可分为城市集中储水和分散储水。

（1）城市集中储水。城市集中储水是指通过工程设施将城市雨水径流集中储存，以备处理后回用于城市杂用或消防用水等，具有节水和环保双重功效。

储留设施由截留坝和调节池组成。截留坝用于拦截雨水，受地理位置和自然条件限制，难以在城市大量使用。调节池具有调节水量和储水功能。德国从 20 世纪 80 年代后期修建大量雨水调节池，用于调节、储存、处理和利用雨水，有效降低了雨水对城市污水厂的冲击负荷和对水体的污染。

（2）分散储水。分散储水指通过修建小型水库、塘坝、储水池、水窖、蓄水罐等工程设施将集流场收集的雨水储存，以备利用。其中水库、塘坝等储水设施易于蒸发下渗，储水效率较低。储水池、蓄水罐或水窖储水效率高，是常用的储水设施，如混凝土薄壳水窖储水保存率达 97%，储水成本为 0.41 元/（m^3 · a），使用寿命长。

雨水储水池一般设在室外地下，采用耐腐蚀、无污染、易清洁材料制作，储水池中应设置溢流系统，多余的雨水能够顺利排除。

储水池容积可以按照径流量曲线求得。径流曲线计算方法是绘制某设计重现期条件下不同降雨历时流入储水池的径流曲线，对曲线下面积求和，该值即为储水池的有效容积。在无资料情况下储水容积也可以按照经验值估算。

4. 雨水处理技术

雨水处理应根据水质情况、用途和水质标准确定，通常采用物理法、化学法等工艺组合。雨水处理可分为常规处理和深度处理。常规处理是指经济适用、应用广泛的处理工艺，主要有混凝、沉淀、过滤、消毒等净化技术；非常规处理则是指一些效果好但费用较高的处理工艺，如活性炭吸附、高级氧化、电渗析、膜技术等。

一般用于补充景观用水的雨水处理工艺流程，如图 3-8 所示。一般用于城市杂用的雨水处理工艺流程，如图 3-9 所示。

图 3-8 补充景观用水的雨水处理工艺

图 3-9 用于城市杂用水的雨水处理工艺

雨水水质好，杂质少，含盐量低，属高品质的再生水资源，雨水收集后经适当净化处理可以用于城市绿化、补充景观水体、城市浇洒道路、生活杂用水、工业用水、空调循环冷却水等多种用途。雨水处理装置的设计计算可参考《给水排水设计手册》。

（三）雨水利用实例

1. 常德市江北区水系生态治理穿紫河船码头段综合治理工程

该工程由德国汉诺威水协与鼎蓝水务公司设计实施。穿紫河是常德市内最重要的河流之一，流经整个市区，但是由于部分河段不加管理地排放污水及倾倒垃圾，导致水质恶化，同时缺乏与其他河流的连通，没有干净的水源补充，导致生态状态恶劣，严重影响了市民的居住环境及生活质量。

该工程设计中雨水处理系统介绍：使用雨水调蓄池和蓄水型生态滤池联合处理污染雨水，让调蓄池设计融入城市景观，减少排入穿紫河的被污染的雨水量。通过地面过滤系统净化被污染的雨水水体，在不溢流的情况下安全疏导暴雨径流，旱季、雨季及暴雨期间在径流中进行固体物分离，建造封闭式和开放式调蓄池各一处，在穿紫河回水区建造一处蓄水型生态滤池，在非降雨的情况下，对径流进行机械处理（至少 300L/s），即沉淀及采用格栅，同时/或者自动送往污水处理厂。一般降雨情况下，对来水进行调蓄，通过生态滤池处理，然后再排到穿紫河，暴雨时，污水处理厂、调蓄池及蓄水型生态滤池均无法再接纳的来水直接排入穿紫河，通过 KOSIM 模拟程序对必要的调蓄池容积及水泵功率等进行计算。

2. 伦敦世纪圆顶的雨水收集利用系统

为了研究不同规模的水循环方案，英国泰晤士河水公司 2000 年设计了展示建筑——世纪圆顶示范工程。该建筑设计了 $500m^3/d$ 的回用水工程，其中 $100m^3$ 为屋顶收集的雨水。

初期雨水以及溢流水直接通过地表水排放管道排入泰晤士河。收集储存的雨水利用芦苇床（高度耐盐性德芦苇，其种植密度为 4 株/m^2）进行处理。处理工艺包括过滤系统、两个芦苇床（每个表面积为 250m^2）和一个塘（容积为 300m^3）。雨水在芦苇床中通过物理、化学、生物及植物根系吸收等多种机理协同净化作用，达到回用水质的要求。此外，芦苇床也容易纳入圆顶的景观设计中，取得了建筑与环境的协调统一。

第四章　水文环境保护技术与水资源可持续发展

目前，水资源污染是我们面临的一项重大问题，客观地认识水资源污染，才能更好地进行水文环境的保护，实现水资源的可持续发展目标。因此本章就水资源污染的特征、水功能区划分、水文环境保护的任务与措施、污水处理技术四方面的内容进行了深入分析和探究，以期人们对水资源污染、保护和可持续发展有一个更加全面的认识。

第一节　水资源污染的特征分析

水资源污染是指排入天然水体的污染物，该物质在水体中的容量已经超过了水体的自净能力，水体中存在的微生物对过多的污染物显得能力有限，最终使该物质在水体中的含量有所增加，这样的话，就会是水体无论是物理特征还是化学特征都难免会发生变化，水中固有的生态系统也会难以为继，最终会对人们的身体健康和社会经济发展带来不好的影响。为了确保人类生存的可持续发展，人们在利用水的同时，必须有效地防治水体的污染。

一、水体污染源

向水体排放污染物的场所、设备、装置和途径统称为水体的污染源。有很多因素能够导致水体污染，具体归纳为以下几个方面：

（一）工业污染源

工业污染源是向水体排放工业废水的工业场所、设备、装置或途径。在工业生产过程中要消耗大量的新鲜水，排放大量废水，其水量和性质随生产过程而异，通常分为工艺废水、设备冷却水、原料或成品洗涤水、生产设备和场地冲洗水等废水。废水中常含有生产原料、中间产物、产品和其他杂质等。废水会因其来源不同而使其性质存在很大差异。由于所用原辅材料、工艺路线、设备条件、操作管理水平的差异，即使是生产同一产品的同类型工厂，所排放的工业废水水量和水质差异也就非常明显。因此，工业废水具有污染面广、排放量大、成分复杂、毒性大、不易净化和难处理等特点。

（二）生活污染源

生活污染源主要是向水体排放生活污水的家庭、商业、机关、学校、服务业和其他城市公用设施。生活污水包括厨房洗涤水、洗衣机排水、沐浴、厕所冲洗水及其他排水等。生活污水中含有大量有机物质，含有氮、磷、硫等无机盐类，有多种微生物和病原体存在于其中。随着工业化不断发展和人们生活水平的日益提高，生活污水的水量和污染物含量将相应增加，水质日趋复杂。

（三）其他污染源

借助于重力沉降或降水过程，随大气扩散的有毒物质会进入水体，其他污染物被雨水冲刷随地面径流而进入水体等，均会造成水体污染。

二、水体污染类型

水体污染类型较多，具体可以划分为以下几类：

（一）有机耗氧物质污染

生活污水和一部分工业废水，会有大量的有机污染物存在于其中，具体如碳水化合物、蛋白质、脂肪和木质素等。这些污染物往往会被称为有机耗氧污染物，因为存在于水体中的微生物，借助于水中的溶解氧，会将这些污染物生化分解。水体中的溶解氧，会因微生物在分化大量的耗氧有机物时而消耗掉，最终使水体中的大部分溶解氧因此而被消耗掉，从而在一定程度上影响存在于水体中的鱼类和其他水生生物的正常生活。情况严重的话，还会导致鱼类的大量死亡，水体也会严重变质甚至发臭。①

（二）植物营养物质污染

生活污水和某些工业废水，往往会有大量的氮、磷等植物营养元素存在于其中，此类污水进入水体之后，藻类及其他浮游生物会因水体中植物营养物质的增多而异常繁殖，这个过程会消耗掉大量的溶解氧，还会释放出生物毒素，这就导致存在于水体的其他生物如鱼类、贝类会因此而死亡，而人食用死亡的鱼、贝，其身体健康也会受到影响。

---

① 彭文英，单吉堃，符素华，等. 资源环境保护与可持续发展［M］. 北京：中国人民大学出版社，2015.

（三）石油污染

石油污染主要集中在海洋中。油船的事故泄漏、海底采油、油船压舱水以及陆上炼油厂和石油化工废水均有可能造成石油污染。石油污染会导致水体自净能力的下降，其具体影响是通过以下步骤：一层油膜会因进入海洋的石油在水面上得以形成，从而使氧气在扩散到水体的过程受到影响，海洋生物的正常生长会因缺氧而受到不良影响，最终影响到水体的自净能力。石油臭味也会因石油污染而影响大鱼虾类，海产品的食用价值也会因此而大打折扣。石油污染造成的不良影响还很多，在此不再一一介绍。

（四）酸、碱、盐污染

生活污水、工矿废水、化工废水、废渣和海水倒灌等都能产生酸、碱、盐的污染，使水体水含盐量增加，水质就会因此而受到影响。

（五）有毒化学物质污染

主要是重金属、氰化物和难降解的有机污染物，矿山、冶炼废水等是其主要来源。有毒污染物的种类已达数百种之多，其中包括重金属无机毒物如 Hg、Cd、Cr、Pb、Ni、Co、Ba 等；人工合成高分子有机化合物如多氯联苯、芳香胺等。它们都不易消除，富集在生物体中，通过食物链，危害人类健康。

（六）热污染

工矿企业、发电厂等向水体排放高温废水，水体温度会因此而增高，影响水生生物的生存和水资源的利用。温度增高，使水体中氧的溶解减少，耗氧反应的速度就会在无形中得到加快，最终导致水体缺氧和水质恶化。

（七）病原体污染

通常情况下，会有如病毒、病菌和病原虫等大量的病原体存在于生活污水、医院污水、肉类加工厂、畜禽养殖场、生物制品厂污水等中。若这些污水不经任何技术手段进行处理和消毒就流入水体的话，病原体就会借助于食物链进入人体中，危害到人体健康，就会引起痢疾、伤寒、传染性肝炎及血吸虫病等。

（八）放射性污染

铀矿开采、选矿、冶炼以及核电站及核试验以及放射性同位素的应用等是水中放射性污染的主要来源。鉴于放射性物质污染持续的时间长且对人体危害程度严重，故其是人类所面临的重大潜在威胁之一。

三、污染物在水体中的扩散

（一）污染物在水体中的运动特性

污染物进入水体之后，随着水的迁移运动、污染物的分散运动以及污染物质的衰减转化运动，使污染物在水体中得到稀释和扩散，从而降低了污染物在水体中的浓度，它起着一种重要的“自净作用”。根据自然界水体运动的不同特点，可形成不同形式的扩散类型，如河流、河口、湖泊以及海湾中的污染物扩散类型。这里重点介绍河流中污染物扩散。

1. 推流迁移

推流迁移是指污染物在水流作用下产生的迁移作用。推流作用只改变水流中污染物的位置，并不能降低污染物的浓度。

在推流的作用下污染物迁移通量的计算公式为

$$f_x = u_x c$$

$$f_y = u_y c$$

$$f_z = u_z c$$

式中，f_x、f_y、f_z 分别表示 x、y、z 方向上的污染物推流迁移通量；u_x、u_y、u_z 分别表示在 x、y、z 方向上的水流速度分量；c 为污染物在河流水体中的浓度。

2. 扩散运动

污染物在水体中的扩散运动包括分子扩散、湍流扩散和弥散。分子扩散是由分子的随机运动引起的质点扩散现象，是各向同性的；湍流扩散是水体湍流场中质点的各种状态的瞬时值相对于其平均值的随机脉动而导致的扩散现象，湍流扩散系数是各向异性的；弥散运动是由于横断面上实际的流速不均匀引起的，由空间各点湍流流速的时均值与流速时均值的系统差别所产生的扩散现象。在用断面平均流速描述实际运动时，必须考虑一个附加的、由流速不均匀引起的弥散作用。

（二）河流水体中污染物扩散的稳态解

1. 一维模型

假定只在 x 方向存在污染物的浓度梯度，则稳态一维模型为

$$D_x \frac{\partial^2 c}{\partial x^2} - u_x \frac{\partial c}{\partial x} - Kc = 0$$

这是二阶线性偏微分方程，其特征方程为

$$D_x\lambda^2 - u_x\lambda - K = 0$$

由此可以求出特征根为

$$\lambda_{1,2} = \frac{u_x}{2D_x}(1 \pm m)$$

式中，

$$m = \sqrt{1 + \frac{4KD_x}{u_x}}$$

对于保守或衰减的污染物，λ 不应取正值，若给定初始条件为：$x=0$ 时，$c=c_0$。上式的解为

$$c = c_0\exp\left[\frac{u_x x}{2D_x}\left(1 - \sqrt{1 + \frac{4KD_x}{u_x}}\right)\right]$$

对于一般条件下的河流，推流形成的污染物迁移作用要比弥散作用大得多，在稳态条件下，弥散作用可以忽略，则有

$$c = c_0\exp\left(-\frac{K_x}{u_x}\right)$$

$$c_0 = \frac{Qc_1 + qc_2}{Q + q}$$

式中，Q 为河流的流量；c_1 为河流中污染物的本底浓度；q 为排入河流的污水的浓度；c_2 为污水中某污染物浓度；c 为污染物的浓度，它是时间£ 和空间位置 z 的函数；u_x 为断面平均流速；K_x 为污染物的衰减速度常数。

2. 二维模型

如果一个坐标方向上的浓度梯度可以忽略，假定 $\frac{\partial c}{\partial z} = 0$，则有

$$D_x\frac{\partial^2 c}{\partial x^2} + D_y\frac{\partial^2 c}{\partial y^2} + D_z\frac{\partial^2 c}{\partial z^2} - Kc = 0$$

在均匀流场中可以得到解析解

$$c(x,\ y) = \frac{Q}{4\pi h\ (x/u_x)^2\sqrt{D_x D_y}}\exp\left[-\frac{(y - u_y x/u_x)^2}{4D_y x/u_x}\right]\exp\left(-\frac{K_x}{u_x}\right)$$

式中，Q 为单位时间内排放的污染物量，即源强；其余符号同前。

如果忽略 D_x 和 u_x，则解为

$$c(x,\ y) = \frac{Q}{u_x h\sqrt{4\pi D_y x/u_x}}\exp\left(-\frac{u_x y^2}{4D_y x}\right)\exp\left(-\frac{K_x}{u_x}\right)$$

在河流右边界的情况下，河水中污染物的扩散会受到岸边的反射，这时的反射就会成为连锁式的。如果污染源处在岸边，河宽为 B 时，同样可以通过假设对应的虚源来模拟边界的反射作用，则

$$c(x,\ y)=\frac{Q}{u_x h\sqrt{4\pi D_y x/u_x}}\left[\begin{array}{l}\exp\left(-\dfrac{u_x y^2}{4D_y x}\right)+\sum\limits_{n=1}^{\infty}\exp\left(-\dfrac{u_x\ (2nB-y)^2}{4D_y x}\right)\\+\sum\limits_{n=1}^{\infty}\exp\left(-\dfrac{u_x\ (2nB+y)^2}{4D_y x}\right)\end{array}\right]\exp\left(-\frac{K_x}{u_x}\right)$$

（三）河流水质模型

水质模型是一个用于描述污染物质在水环境中的混合、迁移过程的数学方程或方程组。

1. 生物化学分解

河流中的有机物由于生物降解所产生的浓度变化可以用一级反应式表达

$$L=L_0\mathrm{e}^{-Kt}$$

式中，L 为 t 时刻有机物的剩余生物化学需氧量；L_0 为初始时刻有机物的总生物化学需氧量；K 为有机物降解速度常数。

K 的数值是温度的函数，它和温度之间的关系可以表示为

$$\frac{K_T}{K_{T_1}}=\theta^{T-T_1}$$

若取 $T_1=20$℃，以 K_{20} 为基准，则任意温度 T 的 K 值为

$$K_T=K_{20}\theta^{T-20}$$

式中，θ 称为 K 的温度系数，θ 的数值在 1.047 左右（$T=10\sim35$℃）。

在试验室中通过测定生化需氧量和时间的关系，可以估算 K 值。

河流中的生化需氧量（BOD）衰减速度常数 K，的值可以由下式确定

$$K_t=\frac{1}{t}\ln\left(\frac{L_A}{L_B}\right)$$

式中，L_A、L_B 为河流上游断面 A 和下游断面 B 的 BOD 浓度；t 为 A、B 断面间的流行时间。

如果有机物在河流中的变化符合一级反应规律，在河流流态稳定时，河流中的 BOD 的变化规律可以表示为

$$L=L_0\left[\exp\left(K_r\frac{x}{u_x}\right)\right]$$

式中，L 为河流中任意断面处的有机物剩余 BOD 量；L_0 为河流中起始断面处的有机物 BOD 量；x 为自起始断面（排放点）的下游距离。

2. 大气复氧

水中溶解氧的主要来源是大气。氧由大气进入水中的质量传递速度可以表示为

$$\frac{dc}{dt}=\frac{K_L A}{V}(c_s-c)$$

式中，c 为河流水中溶解氧的浓度；c_s 为河流水中饱和溶解氧的浓度；K_L 为质量传递系数；A 为气体扩散的表面积；V 为水的体积。

对于河流，$1/V=1/H$，H 是平均水深，c_s-c 表示河水中的溶解氧不足量，称为氧亏，用 D 表示，则上式可写作

$$\frac{dD}{dt}=-\frac{K_L}{H}D=-K_a D$$

式中，K_a 为大气复氧速度常数。

K_a 是河流流态及温度等的函数。如果以 20℃ 作为基准，则任意温度时的大气复氧速度的常数可以写为

$$K_{a\cdot r}=K_{a\cdot 20}\theta_r^{T-20}$$

式中，$K_{a\cdot 20}$ 为 20℃ 条件下的大气复氧速度常数；θ_r 为大气复氧速度常数的温度系数，通常 $\theta_r\approx 1.024$。

饱和溶解氧浓度 c_s 是温度、盐度和大气压力的函数，在 101. 32kPa 压力下，淡水中的饱和溶解氧浓度可以用下式计算

$$c_s=\frac{468}{31.6+T}$$

式中，c_s 为饱和溶解氧浓度，mg/L；T 为温度，℃。

3. 简单河段水质模型

描述河流水质的第一个模型是 S-P 模型。S-P 模型描述一维稳态河流中的 BOD-DO 的变化规律。

S-P 模型是关于 BOD 和 DO 的耦合模型，可以写作

$$\frac{dL}{dt}=-K_d L$$

$$\frac{dD}{dt}=K_d L-K_a L$$

式中，L 为河水中 BOD 值；D 为河水中的氧亏值；K_d 为河水中 BOD 衰减（耗氧）速度常数；K_a 为河水中复氧速度常数；t 为河段内河水的流行时间。

上式的解析式为

$$L = L_0 e^{-K_a t}$$

$$D = \frac{K_d L_0}{K_a - K_d}(e^{-K_d t} - e^{-K_a t}) + D_0 e^{-K_a t}$$

式中，L_0 为河流起始点的 BOD 值；D_0 为河水中起始点的氧亏值。

上式表示河流水中的氧亏变化规律。如果以河流的溶解氧来表示，则为

$$O = O_s - D = O_s - \frac{K_d L_0}{K_a - K_d}(e^{-K_d t} - e^{-K_a t}) - D_0 e^{-K_a t}$$

式中，O 为河水中的溶解氧值；O_s 为饱和溶解氧值。

上式称为 S-P 氧垂公式，根据上式绘制的溶解氧沿程变化曲线称为氧垂曲线（见图 4-1）。

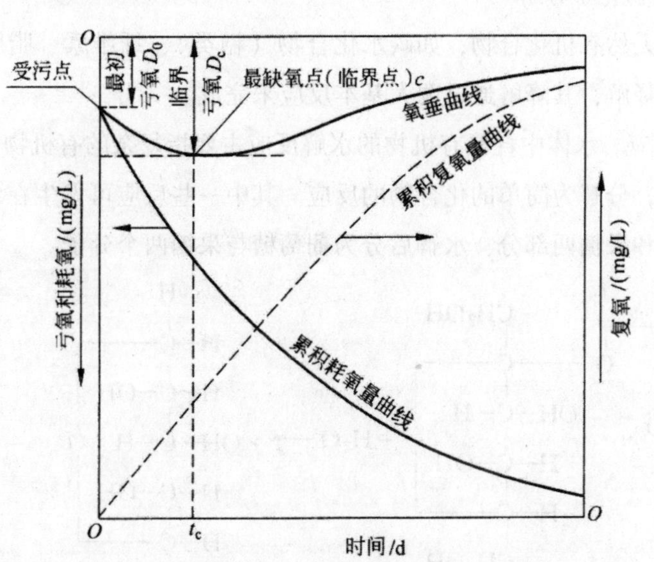

图 4-1　氧垂曲线

在很多情况下，人们希望能找到溶解氧浓度最低的点——临界点。在临界点河水的氧亏值很大，且变化速度为零，则由此得

$$D_c = \frac{K_d}{K_a} L_0 e^{-K_d t_c}$$

式中，D_c 为临界点的氧亏值；t_c 为由起始点到达临界点的流行时间。

临界氧亏发生的时间 t_c 可以由下式计算

$$t_c = \frac{1}{K_a - K_d} \ln \frac{K_d}{K_a}\left[1 - \frac{D_0(K_a - K_d)}{L_0 K_d}\right]$$

S-P 模型广泛地应用于河流水质的模拟预测中，也用于计算允许的最大排污量。

四、污染物在水体中的化学转化

总的来看，污染物进入水体后的转化可分为三种情况：（一）有机物在水中经微生物的转化作用可逐步降解为无机物，从而消耗水中溶解氧；（二）难降解的人工合成的有机物形成特殊污染；（三）重金属污染物发生形态或状态的迁移转化。

（一）水体中耗氧有机物降解

有机物在水体中的降解是通过化学氧化、光化学氧化和生物化学氧化来实现的。其中，生物化学氧化具有重要意义，下面主要介绍有机物的生物化学分解。

1. 有机物生物化学分解

进入水体的天然有机化合物，如碳水化合物（糖类）、纤维素、脂肪、蛋白质等，一般较易通过生化降解，其降解通过两大基本反应来完成。

（1）水解反应。水体中耗氧有机物的水解反应主要指复杂的有机物分子遇水后，在水解酶参与作用下，分解为简单的化合物的反应。其中一些反应可发生在细菌体外，如蔗糖本身包含葡萄糖和果糖两部分，水解后分为葡萄糖与果糖两个分子。

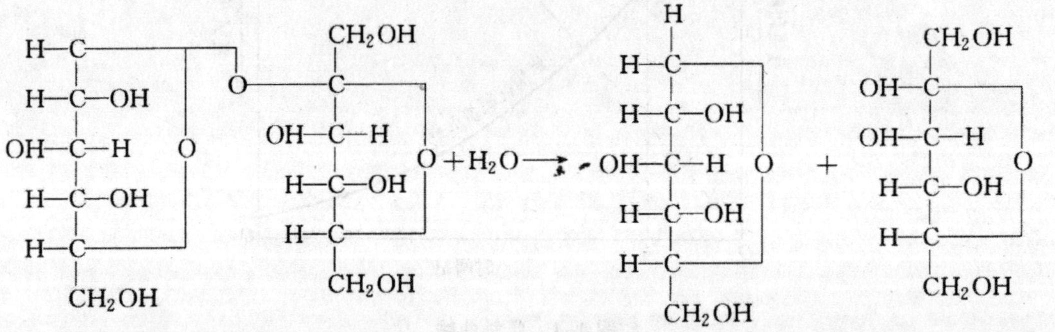

蔗糖($C_{12}H_{22}O_{11}$)　　葡萄糖($C_5H_{11}O_5CHO$)　果糖($C_5H_{12}O_6CO$)

另一类水解反应可在微生物细胞内进行，如化合物的碳链双键在加水后转化成单键，反应式为

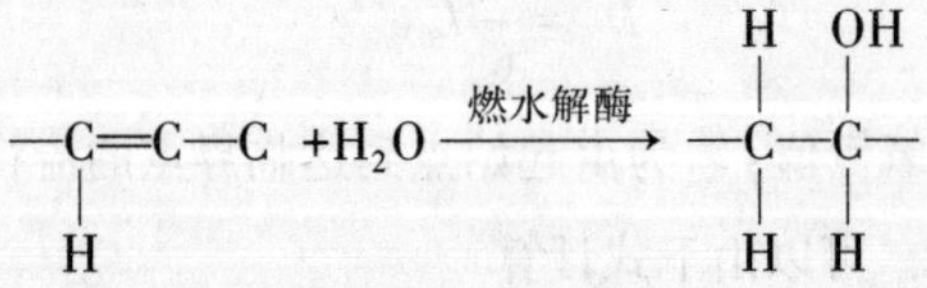

（2）氧化反应。生物氧化作用主要有脱氢作用与脱羧作用两类。

①脱氢作用。脱氢作用有两种类型，一种是从—CHOH—基团脱氢，如乳酸形成丙酮酸的反应，反应式为

$$CH_3CHOHCOO \rightleftharpoons CH_3COCOO+2H^{+}2e$$

乳酸　　　　　　丙酮酸

另一种是从—CH_2CH_2—基团脱氢，如由琥珀酸脱氢形成延胡索酸的反应，反应式为

$$COOCH_2CH_2COO \rightleftharpoons COOCH{=\!=}CHCOO+2H^{+}+2e$$

②脱羧作用。脱羧作用是生物氧化中产生 CO_2 的主要过程，其反应式为

$$RCOCOOH \longrightarrow RCOH + CO_2$$

2. 代表性耗氧有机物的生物降解

（1）碳水化合物的生化降解。碳水化合物也叫糖，是自然界存在的最多的一类有机化合物，是一切生命体维持生命活动所需能量的主要来源。糖也是由碳、氢、氧组成的不含氮的有机物，通式为 $C_n(H_2O)_m$，根据分子构造的特点它通常可分为单糖、二糖和多糖。

碳水化合物的生化降解首先是微生物在细胞膜外通过水解使其从多糖转化为二糖，其反应式为

$$(C_6H_{10}O_5)_n + H_2O \longrightarrow \frac{n}{2}C_{12}H_{22}O_{11}$$

$$C_{12}H_{22}O_{11} + H_2O \longrightarrow 2C_6H_{12}O_6$$

进一步的变化：

$$C_6H_{12}O_6 \xrightarrow[\text{酶}]{\text{细菌}} 2CH_3\overset{\overset{\large O}{\|}}{C}COOH + 4H$$

此过程统称为糖解过程。

$$2CH_3\overset{\overset{\large O}{\|}}{C}COOH + 4H + 6O_2 \xrightarrow[\text{酶}]{\text{细菌}} 6CO_2 + 6H_2O$$

（2）含氮有机物的降解。含氮有机物是指除碳、氢、氧外，还含有氮、硫、磷等元素的有机化合物。一般来说，含氮有机物的生物降解难于不含氮有机物，其产物污染性强。

蛋白质是由多种氨基酸分子组成的复杂有机物，含有羧基（—COOH）和氨基（—NH_2），由肽键（R—CONH—R′）连接起来。它的降解首先包括肽键的断开和羧基、氨基的脱除，然后是逐步的氧化。蛋白质分子量很大，不能直接进入细胞，所以细菌利用蛋白质的第一步，也是先在细胞体外发生水解，由细菌分泌的水解酶起催化作用，蛋白质在水解中断开肽键，分解成具较小分子量的各部分，其反应通式为

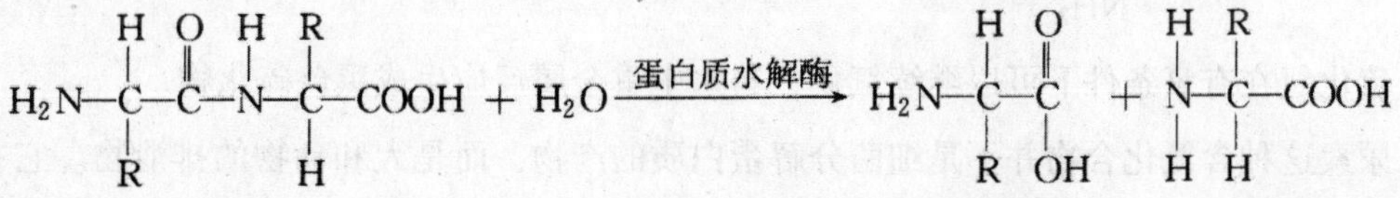

肽键　　　　　　　　　　　　　　　　　　氨基酸　　　　氨基酸

蛋白质水解到达二肽阶段可以进入细胞膜内。氨基酸在细胞内的进一步分解可在有氧或无氧条件下进行。其反应形式有多种，主要是通过氧化还原反应脱除氨基。

氨基酸在有氧条件下脱氨生成含有不少于一个碳原子的饱和酸，反应式为

$$\begin{array}{l} CH_3CHCOOH + O \longrightarrow CH_3COCOOH + NH_3 \\ \qquad\ | \\ \qquad NH_2 \end{array}$$

丙氨酸　　　　丙酮酸

有氧脱氨、脱碳反应式为

$$\begin{array}{l} CH_3CHCOOH + O_2 \longrightarrow CH_3COOH + CO_2 + NH_3 \\ \qquad\ | \\ \qquad NH_2 \end{array}$$

水解脱氨反应式为

$$\begin{array}{l} CH_3CHCOOH + H_2O \longrightarrow CH_3CHCOOH + NH_3 \\ \qquad\ | \qquad\qquad\qquad\qquad\qquad\ | \\ \qquad NH_2 \qquad\qquad\qquad\qquad\quad OH \end{array}$$

乳酸

无氧时，加氢还原脱氨反应式为

$$\begin{array}{l} CH_3CHCOOH + 2H \longrightarrow CH_3CH_2COOH + NH_3 \\ \qquad\ | \\ \qquad NH_2 \end{array}$$

丙酸

氨基酸分解生成的有机酸，同碳水化合物一样，在有氧条件下可经过三羧酸循环，完全氧化为 CO_2 和 H_2O，在无氧条件下就要发生发酵过程。脱氨基的结果生成 NH_3，这种过程称为蛋白质的氨化作用。NH_3 在水中水解生成氢氧化铵，会提高水的 pH，在促成甲烷发酵中起作用。在有氧条件下，NH_3 进一步发生硝化作用。

蛋白质中含硫的氨基酸主要是胱氨酸以及蛋氨酸，它们的分解会生成硫化氢。例如，在有氧条件下反应式为

$$\begin{array}{l} HOOC{-}CHCH_2SH + O_2 \longrightarrow NH_3 + H_2S + \text{其他产物} \\ \qquad\qquad\ | \\ \qquad\qquad NH_2 \end{array}$$

半胱氨酸

在无氧条件下反应式为

$$\begin{array}{l} HOOC{-}CHCH_2SH + 2H_2O \longrightarrow CH_3COOH + HCOOH + NH_3 + H_2S \\ \qquad\qquad\ | \\ \qquad\qquad NH_2 \end{array}$$

硫化氢在有氧条件下可以继续氧化，与水中重金属反应生成黑色硫化物。

尿素这种含氮化合物并不是细菌分解蛋白质的产物，而是人和动物的排泄物。它在尿素细菌作用下，在有氧条件下氨化，这也是污染水中氨的来源之一。其反应公式为

$$O{=}C\begin{matrix}NH_2\\NH_2\end{matrix} + 2H_2O \longrightarrow (NH_4)_2CO_3$$

$$(NH_4)_2CO_3 \longrightarrow 2NH_3 + CO_2 + H_2O$$

硝化和硫化：含氮有机物的降解产物，如 NH_3 和 H_2S 都会造成水污染，如果在有氧条件下，可以由细菌作用继续发生硝化和硫化过程。

硝化细菌是一类无机营养型细菌即自由菌，也可以把 NH_3 分解为 NO_2^- 和 NO_3^-。硝化过程也是不断脱氢氧化过程。例如，第一阶段，先转化为亚硝酸，公式为

$$NH_3 \xrightarrow{+H_2O} NH_4OH \xrightarrow[-2H]{} NH_2OH \xrightarrow[-2H]{} HNO \xrightarrow{+H_2O} NH(OH)_2 \xrightarrow[-2H]{} HNO_2$$

总反应为

$$2NH_3 + 3O_2 \longrightarrow 2HNO_2 + 2H_2O + 6\times10^5\ J$$

第二阶段再转化为硝酸，公式为

$$HO{-}N{=}O \xrightarrow{+H_2O} HO{-}N{=}(OH)_2 \xrightarrow[-2H]{} HO{-}\overset{\overset{\displaystyle O}{\|}}{N}{=}O$$

总反应为

$$2HNO_2 + O_2 \longrightarrow 2\ HNO_3 + 2\times10^5 J$$

在缺氧的水体中，硝化过程就不能进行，反而可以进行所谓反硝化过程，硝酸盐又还原成为 NH_3，其反应式为

$$2\ HNO_3 \xrightarrow[-2H_2O]{+4H} 2HNO_2 \xrightarrow[-2H_2O]{+4H} (NOH)_2 \xrightarrow[-H_2O]{} N_2O \xrightarrow[-H_2O]{+2H} N_2$$

有机氮在水体中的逐级转化过程一般要持续若干日，才能转化为硝酸态氮。从需氧污染物在水体中的转化过程来看，有机氮—NH_3—N—NO_2—N—$N0_3$，可作为耗氧有机物自净过程的判断标志。

硫化细菌和硫磺细菌也是自养菌，可以把硫化氢氧化为硫及硫酸盐，反应式为

$$2H_2S + O_2 \longrightarrow 2H_2O + 2S + 能量$$

$$2S + 3O_2 + 2H_2O \longrightarrow 2H_2\ SO_4 + 能量$$

（3）甲烷发酵。碳水化合物、脂肪和蛋白质在降解后期都生成低级有机酸类物质，在无氧条件下进行酸性发酵，这时最终产物未能完全氧化而停留在酸、醇、酮等化合物状态，如果 pH 降低甚多，可能使细菌中断生命活动而使生物降解无法继续进行。但是，如果条件适宜，就可以发生另一种发酵过程，使有机物继续进行无氧条件下的氧化，最终产物为甲烷，称为甲烷发酵。

甲烷发酵是在专门的产甲烷菌参与下进行的，其反应式为

$$2CH_3CH_2OH + CO_2 \longrightarrow 2CH_3COOH + CH_4$$

$$2CH_3(CH_2)_2COOH + CO_2 + 2H_2O \longrightarrow 4CH_3COOH + CH_4$$

$$CH_3COOH \longrightarrow CO_2 + CH_4$$

这些反应的实质，是以 CO_2 作为受氢体的无氧氧化过程，可表示为

$$8H + CO_2 \longrightarrow 2H_2O + CH_4$$

甲烷在有氧条件下可发生氧化降解，直到完全生成 CO_2 或 H_2O 为止。

（二）水体富营养化过程

1. 水体富营养化的类型及危害

“营养化”是一种氮、磷等植物营养物含量过多所引起的水质污染现象，根据成因差异可分为天然富营养化与人为富营养化两种类型。

水体出现富营养化时，危害是多方面的：（1）破坏水产资源。藻类繁殖过快，占空间，使鱼类活动受限。溶解氧降低，使鱼类难以生存。（2）造成藻类种类减少。（3）危害水源。硝酸盐和亚硝酸盐对人、畜都有害。（4）加快湖泊老化的进程。

2. 氮、磷污染与水体富营养化

水体富营养化过程主要是水体中自养型生物（浮游植物）在水中形成优势的过程，因此，影响生物生长的营养成分就成为这些生物的限制因素。因为自养型生物通过进行光合作用，以太阳光能和无机物合成自身的原生质，所以，藻类（自养型生物）繁殖的程度取决于水体中某些成分的含量。

斯塔姆（Stumm）用化学计量关系式表征了淡水水体中藻类新陈代谢的过程，即光合生产 P（有机物生产速度，自养型生物生长速度）与异养呼吸 R（有机物分解速度，异养生物生长速度）应为静止状态，P≈R，关系式为

$$106CO_2 + 16NO_3^- + HPO_4^{2-} + 122H_2O + 9H_2 + (\text{痕量元素和能量}) \underset{R}{\overset{P}{\rightleftharpoons}} \{C_{106}H_{263}O_{110}N_{16}P_1\} + 138O_2$$

研究表明水体富营养化与氮、磷的富集有关，水体中氮、磷浓度的比值与藻类增殖有密切的关系。日本学者提出，湖水总氮和总磷浓度的比值在 10：1~25：1 的范围内时有直线关系。其中，比值为 12：1~13：1 时，最适宜于藻类的繁殖。我国学者提出湖水中氮与磷的比值范围在各湖泊中有所不同：武汉东湖为 11.8：1~15.5：1，杭州西湖为 72：1，长春南湖为 20.4：1，云南滇池为 15.1：1。

第二节　水功能区划

一、水功能区划的目的和意义

水是重要的自然资源。随着我国经济社会的发展和城市化进程的加快，水资源短缺、水污染严重已经成为制约国民经济可持续发展的重要因素。2013 年在全国 20.8 万 km 评价河长中，水质为Ⅳ类及劣于Ⅳ类的占 31.4%，一些城市的供水水源地水质恶化，直接影响到人们身体健康。造成这些现象的原因主要是工业及生活废污水大量增加，废污水不经达标处理直接排放、水域保护目标不明确、入河排污口不能规范管理、污水随意排放等。

为了解决目前水资源开发利用和保护存在的不协调问题，为了保护我们珍贵的水资源，使水资源能够持续利用，需要根据流域或区域的水资源状况，同时考虑水资源开发利用现状和经济社会发展对水量和水质的需求，在相应水域划定具有特定功能、有利于水资源的合理开发利用和保护的区域。如将河流源头设置为水资源保护区、将经济较发达的区域设置为水资源开发利用区、考虑经济社会的发展前景设置水资源保留区等，使水资源充分合理利用，发挥最大的效益。同时，通过水功能区划，实现了水资源利用和水资源保护的预先协调，极大地避免了水资源“先使用后治理”的问题。

水功能区划的内容是依据国民经济发展规划和水资源综合利用规划，结合区域水资源开发利用现状和社会需求，科学合理地在相应水域划定具有特定功能、满足水资源合理开发利用和保护要求并能够发挥最佳效益的区域（水功能区）；确定各水域的主导功能及功能顺序，制定水域功能不遭破坏的水资源保护目标；科学地计算水域的水环境容量，达到既能充分利用水体自净能力、节省污水处理费用，又能有效地保护水资源和生态系统、满足水域功能要求的目标；进行排污口的优化分配和综合整治，将水资源保护的目标管理落实到污染物综合整治的实处，从而保证水功能区水质目标的实现；通过各功能区水资源保护目标的实现，保障水资源的可持续利用。因此，水功能区划是全面贯彻《中华人民共和国水法》，加强水资源保护的重要举措，是水资源保护措施实施和监督管理的依据，对实现以水资源的可持续利用保障经济社会可持续发展的战略目标具有重要意义。

二、水功能区划指导思想及原则

（一）指导思想

水功能区划是针对水资源三级区内的主要河流、湖库，国家级及省级自然保护区、跨流域调水及集中式饮用水水源地，经济发达城市水域，结合流域、区域水资源开发利用规划及经济社会发展规划，根据水资源的可再生能力和自然环境的可承受能力，科学、合理地开发和保护水资源，既满足当代和本区域对水资源的需求，又不损害后代和其他区域对水资源的需求，促进经济、社会和生态的协调发展，实现水资源可持续利用，保障经济社会的可持续发展。

（二）区划原则

1. 前瞻性原则

水功能区划应具有前瞻性，要体现社会发展的超前意识，结合未来经济社会发展需求，引入本领域和相关领域研究的最新成果，为将来高新技术发展留有余地。如在工业污水排放区，区划的目标应该以工艺水平提高、污染治理效果改善后工业潜在的污染为区划的目标，减少排放区污染物浓度，减少水资源保护的投入，增大水资源的利用量。

2. 统筹兼顾，突出重点的原则

水功能区划涉及上下游、左右岸、近远期以及经济社会发展需求对水域功能的要求，应借助系统工程的理论方法，根据不同水资源分区的具体特点建立区划体系和选取区划指标，统筹兼顾，在优先保护饮用水水源地和生活用水前提下，兼顾其他功能区的划分。

3. 分级与分类相结合的原则

水资源开发利用涉及不同流域、不同的行政区，大到一个国家、一个流域，小到一条河、一个池塘。水功能区的划分应在宏观上对流域水资源的保护和利用进行总体控制，协调地区间的用水关系；在整体功能布局确定的前提下，再在重点开发利用水域内详细划分各种用途的功能类别和水域界线，协调行业间的用水关系，建立功能区之间横向的并列关系和纵向的层次体系。

4. 便于管理、实用可行的原则

水资源是人们赖以生存的重要的自然资源，水资源质和量对地区工业、农业、经济的发展起着重要的作用。如一些干旱地区，没有灌溉就没有产量；城市如果缺水可能导致社会的不安定。为了合理利用水资源，杜绝“抢”“堵”“偷”等不正当的水资源利用现象，也为了便于管理，实现水资源利用的“平等”，水功能的分区界限尽可能与行政区界一致。利用实际使用的，易于获取和测定的指标进行水功能区划分。区划方案的确定既要反映实际需求，又要考虑技术经济现状和发展，力求实用、可行。

5. 水质、水量并重的原则

水功能区划分，既要考虑对水量的需求，又要考虑对水质的要求，但对常规情况对水资源单一属性（数量和质量）要求的功能不作划分，如发电，航运等。

三、水功能区划步骤和依据

我国江、河、湖、库水域的地理分布、空间尺度有很大差异，其自然环境水资源特征、开发利用程度等具有明显的地域性。对水域进行的功能划分能否准确反映水资源的自然属性、生态属性、社会属性和经济属性，很大程度上取决于功能区划体系（结构，类型，指标）的合理性。水功能区划体系应具有良好的科学概括、解释能力，在满足通用性、规范性要求的同时，类型划分和指标值的确定与我国水资源特点相结合，是水功能区划的一项重要的标准性工作。①

遵照水功能区划的指导思想和原则，通过对各类型水功能内涵、指标的深入研究，综合取舍，我国水功能区划采用两级体系，见图 4-2，即一级区划和二级区划。

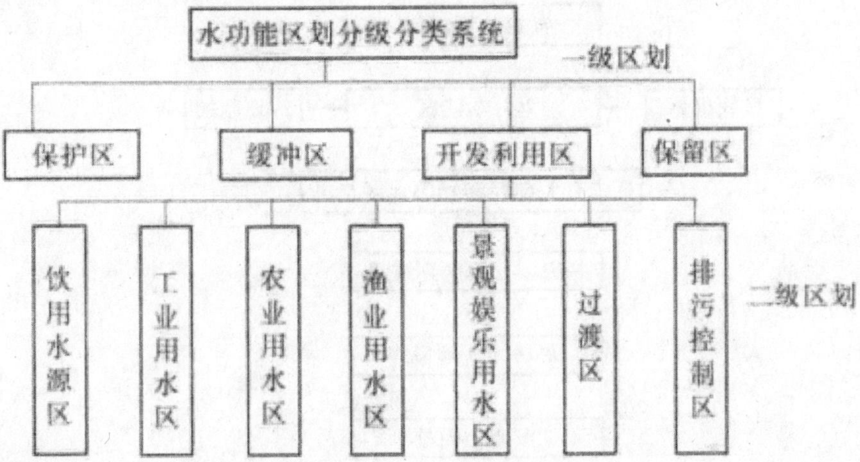

图 4-2　水功能区划分级分类体系

水功能一级区划分四类，即保护区、缓冲区、开发利用区和保留区；水功能二级区划在一级区划的开发利用区内进行，共分七类，包括饮用水源区、工业用水区、农业用水区、渔业用水区、景观娱乐用水区、过渡区和排污控制区。一级区划宏观上解决水资源开发利用与保护的问题，主要协调地区间关系，并考虑发展的需求；二级区划主要协调用水部门之间的关系。

水功能区划的一级划分在收集分析流域或区域的自然状况、经济社会状况、水资源综合利用规划以及各地区的水量和水质的现状等资料的基础上，按照先易后难的顺序，依次划分规划保护区、缓冲区和开发利用区及保留区。二级区划则首先确定区划的具体范围，包括城市现状水域范围和城市规划水域范围，然后收集区域内的资料，如水质资料、取水

① 崔振才，杜守建，张维圈，等. 工程水文及水资源［M］. 北京：中国水利水电出版社，2008.

口和排污口资料、特殊用水资料（鱼类产卵场、水上运动场）及城区规划资料，初步确定二级区的范围和工业、饮用、农业、娱乐等水功能分布，最后对功能区进行合理检查，避免出现低功能区向高功能区跃进的衔接不合理现象，协调平衡各功能区位置和长度，对不合理的功能区进行调整。水功能区划程序如图 4-3 所示。

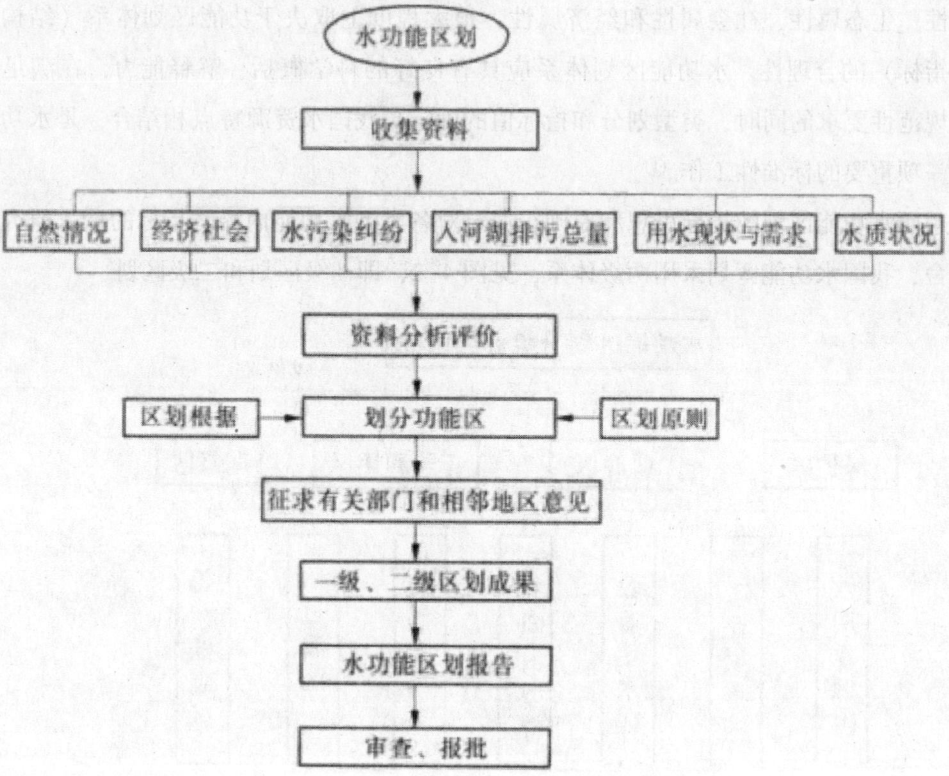

图 4-3　水功能区划程序

（一）水功能一级区分类及划分指标

1. 保护区

保护区指对水资源保护、饮用水保护、生态环境及珍稀濒危物种的保护具有重要意义的水域。

具体划区依据：（1）源头水保护区，即以保护水资源为目的，在主要河流的源头河段划出专门涵养保护水源的区域，但个别河流源头附近如有城镇，则划分为保留区；（2）国家级和省级自然保护区范围内的水域；（3）已建和规划水平年内建成的跨流域、跨省区的大型调水工程水源地及其调水线路，省内重要的饮用水源地；（4）对典型生态、自然生态保护具有重要意义的水域。

2. 缓冲区

缓冲区指为协调省际间、矛盾突出的地区间用水关系；协调内河功能区划与海洋功能区划关系；在保护区与开发利用区相接时，为满足保护区水质要求需划定的水域。

具体划区依据：跨省、自治区、直辖市行政区域河流、湖泊的边界水域，省际边界河流、湖泊的边界附近水域；用水矛盾突出地区之间水域。

3. 开发利用区

开发利用区主要指具有满足工农业生产、城镇生活、渔业、娱乐和净化水体污染等多种需水要求的水域和水污染控制、治理的重点水域。

具体划区依据：取（排）水口较集中，取（排）水河较大的水域，如流域内重要城市江段、具有一定灌溉用水量和渔业用水要求的水域等。开发利用程度采用城市人口数量、取水量、排污量、水质状况及城市经济的发展状况（工业值）等能间接反映水资源开发利用程度的指标，通过各种指标排序的方法，选择各项指标较大的城市河段，划为开发利用区。

4. 保留区

保留区指目前开发利用程度不高，为今后开发利用和保护水资源而预留的水域。该区内水资源应维持现状不遭受破坏。

具体划区依据：受人类活动影响较小，水资源开发利用程度较低的水域；目前不具备开发条件的水域；考虑到可持续发展的需要，为今后的发展预留的水域。

（二）水功能二级区分类及划分指标

1. 饮用水源区

饮用水源区指城镇生活用水需要的水域。功能区划分指标包括人口、取水总量、取水口分布等。

具体划区依据：已有的城市生活用水取水口分布较集中的水域，或在规划水平年内城市发展设置的供水水源区；每个用水户取水量需符合水行政主管部门实施取水许可制度的细则规定。

2. 工业用水区

工业用水区指城镇工业用水需要的水域。功能区划分指标包括工业产值、取水总量、取水口分布等。

具体划区依据：现有的或规划水平年内需设置的工矿企业生产用水取水点集中的水域；每个用水户取水量需符合水行政主管部门实施取水许可制度的细则规定。

3. 农业用水区

农业用水区指农业灌溉用水需要的水域。功能区划分指标包括灌区面积、取水总量、取水口分布等。

具体划区依据：已有的或规划水平年内需要设置的农业灌溉用水取水点集中的水域；每个用水户取水量需符合水行政主管部门实施取水许可制度的细则规定。

4. 渔业用水区

渔业用水区指具有鱼、虾、蟹、贝类产卵场、索饵场、越冬场及洄游通道功能的水域，养殖鱼、虾、蟹、贝、藻类等水生动植物的水域。功能区划分指标：渔业生产条件及生产状况。

具体划区依据：具有一定规模的主要经济鱼类的产卵场、索饵场、洄游通道，历史悠久或新辟人工放养和保护的渔业水域；水文条件良好，水交换畅通；有合适的地形、底质。

5. 景观娱乐用水区

景观娱乐用水区指以景观、疗养、度假和娱乐需要为目的的水域。功能区划分指标：景观娱乐类型及规模。

具体划区依据：休闲、度假、娱乐、运动场所涉及的水域，水上运动场、风景名胜区所涉及的水域。

6. 过渡区

过渡区指为使水质要求有差异的相邻功能区顺利衔接而划定的区域。功能区划分指标：水质与水量。

具体划区依据：下游用水要求高于上游水质状况；有双向水流的水域，且水质要求不同的相邻功能区之间。

7. 排污控制区

排污控制区指接纳生活、生产污废水比较集中，所接纳的污废水对水环境无重大不利影响的区域。功能区划分指标有排污量、排污口分布。

具体划区依据：接纳污废水中污染物可稀释降解，水域的稀释自净能力较强，其水文、生态特性适宜于作为排污区。

四、水功能区水质目标拟定

水功能区划定后，还要根据水功能区的水质现状、排污状况、不同水功能区的特点以及当地技术经济条件等，拟定各水功能一、二级区的水质目标值。水功能区的水质目标值是相应水体水质指标的确定浓度值。

在水功能一级区中，保护区应按照《地表水环境质量标准》（GB 3838—2002）中Ⅰ、Ⅱ类水质标准来定，因自然、地质原因不满足Ⅰ、Ⅱ类水质标准的，应维持水质现状；缓冲区应按照实际需要来制定相应水质标准，或按现状来控制；开发利用区按各二级区划来制定相应的水质标准；保留区应按现状水质类别来控制。

在水功能二级区中，饮用水源区应按照《地表水环境质量标准》（GB 3838—2002）中Ⅱ、Ⅲ类水质标准来定；工业用水区应按照《地表水环境质量标准》（GB 3838—2002）中Ⅳ类水质标准来定；农业用水区应按照《地表水环境质量标准》（GB 3838—2002）中Ⅴ类水质标准来定；渔业用水区应按照《渔业水质标准》（GB 11607—89），并参照《地表水环境质量标准》（GB 3838—2002）中Ⅱ、Ⅲ类水质标准来定；景观娱乐用水区应按照《景观娱乐用水水质标准》（GB 12941—91），并参照《地表水环境质量标准》（GB 3838—2002）中Ⅲ、Ⅳ类水质标准来定；过渡区和排污控制区应按照出流断面水质达到相邻水功能区的水质要求选择相应的水质控制标准来定。

第三节 水文环境保护的任务与措施

一、水环境保护的任务和内容

水环境保护工作，是一个复杂、庞大的系统工程，其主要任务与内容有：

（一）水环境的监测、调查与试验，以获得水环境分析计算和研究的基础资料；

（二）对研究水体污染源的排污情况进行预测，称污染负荷预测，包括对未来水平年的工业废水、生活污水、流域径流污染负荷的预测；

（三）建立水环境模拟预测数学模型，根据预测的污染负荷，预测不同水平年研究水体可能产生的污染时空变化情况；

（四）水环境质量评价，以全面认识环境污染的历史变化、现状和未来的情况，了解水环境质量的优劣，为环境保护规划与管理提供依据；

（五）进行水环境保护规划，根据最优化原理与方法，提出满足水环境保护目标要求的水污染负荷防治最佳方案；

（六）环境保护的最优化管理，运用现有的各种措施，最大限度地减少污染。

二、水环境保护措施

随着经济社会的迅速发展，人口的不断增长和生活水平的大大提高，人类对水环境所造成的污染日趋严重，正在严重地威胁着人类的生存和可持续发展，为解决这一问题，必须做好水环境的保护工作。水环境保护是一项十分重要、迫切和复杂的工作。①

（一）水环境保护的经济措施

采取经济手段进行强制性调控是保护水环境的重要手段。目前，我国在水环境保护方面主要的经济手段是征收污水排污费、污染许可证可交易。

1. 工程水费征收

新中国成立后，为支援农业，基本上实行无偿供水。这样使得用户认为水不值钱，没有节水观念和措施；大批已建成的水利工程缺乏必要的运行管理和维修费用；国家财政负担过重，影响着水利事业的进一步发展。水费改革工程在水利电力部的指导下迅速开展起来，1965 年水利电力部制定并经由国务院批准颁布了《水利工程水费征收使用和管理试行办法》，1985 年国务院颁布了《水利工程收费核定、计收和管理办法》，这是在系统总结各地水费制度的经验基础上制定的，从而改变了过去人们认为水是取之不尽和不值钱的传统观念。从 1988 年到现在，在水费计收方面，各省（区、市）相继都颁布了计收办法和标准。2002 年我国修订的《中华人民共和国水法》对征收水费和征收水资源费做出了规定。

2. 征收水资源费

我国 1988 颁布年的《中华人民共和国水法》规定：使用供水工程供应的水，应当按照规定向供水单位交纳水费，对城市中直接从地下取水的单位征收水资源费；其他直接从地下或江河、湖泊取水的单位和个人，由省、自治区、直辖市人民政府决定征收水资源费。这项费用，按照取之于水和用之于水的原则，纳入地方财政，作为开发利用水资源和水管理的专项资金。我国在 20 世纪 80 年代初，开始对工矿企业的自备水资源征收水资源费。但仅收取水费和水资源费还是不够的，收取水资源费只限定于直接取用江河、湖泊和地下水，用途也不够全面。因此，2002 年修订的水法中规定，国家对水资源依法实行取水许可制度和有偿使用制度。2006 年 1 月 24 日国务院第 123 次常务会议通过了《取水许可和水资源费征收管理条例》，自 2006 年 4 月 15 日起施行。条例主要内容如下：规定取用水资源的单位和个人，除本条例第四条规定的情形外，都应当申请领取取水许可证，并缴纳水资源费；由县级以上人民政府水行政主管部门、财政部门和价格主管部门负责水资源费的征收、管理和监督；任何单位和个人都有节约和保护水资源的义务；对节约和保护水资源有突出贡献的单位和个人，由县级以上人民政府给予表彰和奖励。对水资源费如何征收及水资源费的使用管理进行了规定。

---

① 潘奎生，丁长春. 水资源保护与管理［M］. 长春：吉林科学技术出版社，2019.

目前，我国征收的水资源费主要用于加强水资源宏观管理，如水资源的勘测、监测、评价规划以及为合理利用、保护水资源而开展的科学研究和采取的具体措施。

3. 征收排污费

（1）排污收费制度。排污收费制度是指国家以筹集治理污染资金为目的，按照污染物的种类、数量和浓度，依照法定的征收标准，对向环境排放污染物或者超过法定排放标准排放污染物的排污者征收费用的制度，其目的是促进排污单位对污染源进行治理，同时也是对有限环境容量的使用进行补偿。

排污费征收的依据：排污费的征收主要依据是《中华人民共和国环境保护法》《中华人民共和国水污染防治法》《排污费征收使用管理条例》《中华人民共和国水污染防治法实施细则》《排污费征收标准管理办法》《排污费资金收缴使用管理办法》等法律、法规和规章。例如，《环境保护法》规定："排放污染物超过国家或者地方规定的污染物排放标准的企事业单位，依照国家规定缴纳超标准排污费，并负责治理。水污染防治法另有规定的，依照水污染防治法的规定执行。"《水污染防治法》规定："直接向水体排放污染物的企事业单位和个体工商户，应当按照排放水污染物的种类、数量和排污费征收标准缴纳排污费。"《排污费征收使用管理条例》规定："直接向环境排放污染物的单位和个体工商户，应当依照本条例的规定缴纳排污费。"

排污费征收的种类：污水排污费的征收对象是直接向水环境排放污染物的单位和个体工商户。根据《水污染防治法》的规定，向水体排放污染物的，按照排放污染物的种类、数量缴纳排污费。向水体排放污染物超过国家或者地方规定的排放标准的，按照排放污染物的种类、数量加倍缴纳排污费；根据《排污费征收使用管理条例》第二条的规定，排污者向城市污水集中处理设施排放污水、缴纳污水处理费用的，不再缴纳排污费，即污水排污费分为污水排污费和污水超标排污费两种。

（2）排污费征收工作程序。

①排污申报登记。向水体排放污染物的排污者，必须按照国家规定向所在地环境保护部门申报登记所拥有的污染物排放设施，处理设施和正常作业条件下排放污染物的种类、数量、浓度、强度等与排污有关的各种情况，并填报《全国排放物污染物申报登记表》。

②排污申报登记审核。环境保护行政主管部门（环境监察机构）在收到排污者的《全国排放物污染物申报登记表》或《排污变更申报登记表》后，应依据排污者的实际排污情况，按照国家强制核定的污染物排放数据、监督性监测数据、物料衡算数据或其他有关数据对排污者填报的《全国排放物污染物申报登记表》或《排污变更申报登记表》项目和内容进行审核。经审核符合要求的应于当年 1 月 15 日前向排污者寄回一份经审核同意的《全国排放物污染物申报登记表》；不符合规定的责令补报，不补报的视为拒报。

③排污申报登记核定。环境监察机构根据审核合格的《全国排放物污染物申报登记表》，于每月或季末10日内，对排污者每月或每季的实际排污情况进行调查与核定。经核定符合要求的，应在每月或每季终了后7日内向排污者发出《排污核定通知书》。不符合要求的，要求排污者限期补报。

排污者对核定结果有异议的，应在接到《排污核定通知书》之日起7日内申请复核，环境监察机构应当自接到复核申请之日起10日做出复核决定，并将《排污核定复核决定通知书》送达排污者。

环境监察部门对拒报、谎报、漏报拒不改正的排污者，可根据实际排污情况，依法直接确认其核定结果，并向排污者发出《排污核定通知书》，排污者对《排污核定通知书》或《排污核定复核通知书》有异议的，应先缴费，而后依法提起复议或诉讼。

④排污收费计算。环境监察机构应依据排污收费的法律依据、标准，依据核定后的实际排污事实、依据（排污核定通知书或排污核定复核通知书），根据国家规定的排污收费计算方法，计算确定排污者应缴纳的废水、废气、噪声、固废等收费因素的排污费。

⑤排污费征收与缴纳。排污费经计算确定后，环境监察机构应向排污者送达《排污费缴纳通知单》。

排污者应当自接到《排污费缴纳通知单》之日起7日内，向环保部门缴纳排污费。对排污收费行政行为不服的，应在复议或诉讼期间提起复议或诉讼，对复议决定不服的还可对复议决定提起诉讼。当裁定或判决维持原收费行为决定的，排污者应当在法定期限内履行，在法定期限内未自动履行的，原排污收费做出行政机关应申请人民法院强制执行；当裁定或制决撤销或部分撤销原排污收费行政行为的，环境监察机构依法重新核定并计征排污费。

排污者在收到《排污费缴纳通知书》7日内不提起复议或诉讼，又不履行的，环境监察机构可在排污者收到《排污费缴纳通知书》之日起7日后，责令排污者限期缴纳；经限期缴纳拒不履行的，环境监察机构应依法按不按规定缴纳排污费处以罚款，并从滞纳之日起（即第8天起）每天加收2‰滞纳金。

排污者对排污收费或处罚决定不服，在法定期限内未提起复议或诉讼，又不履行的，环境监察机构在诉讼期满后的180天内可直接申请法院强制执行。

（3）《排污费征收使用管理条例》。2002年1月30日国务院第54次常务会议通过了《排污费征收使用管理条例》，自2003年7月1日起施行，同时废止了1982年2月5日发布的《征收排污费暂行办法》和1988年7月28日发布的《污染源治理专项基金有偿使用暂行办法》。《排污费征收使用管理条例》同《征收排污费暂行办法》和《污染源治理专项基金有偿使用暂行办法》相比，有以下一些进步：

①扩大了征收排污费的对象和范围。在征收的对象上，原《征收排污费暂行办法》中的征收对象是单位排污者，对个体排污者不收费，而《排污费征收使用管理条例》将单位和个体排污者，统称为排污者，即只要向环境排污，无论是单位还是个人都要收费。随着城市的发展，生活垃圾、生活废水增长迅速，为了减轻排污压力，调动治污积极性，推动污水、垃圾处理产业化发展，《排污费征收使用管理条例》规定向城市污水集中处理设施排放污水，缴纳污水处理费的，不再缴纳排污费。排污者建成工业固体废弃物储存或处置设施、场所经改造符合环境保护标准的，自建成或者改造完成之日起，不再缴纳排污费。

在收费范围上，原《征收排污费暂行办法》主要针对超标排放收费，未超标排放不收费，而鉴于《水污染防治法》的规定，新制度中对向水体排放污染物的，规定了超标加倍收费。排污费已由单一的超标收费改为排污收费与超标收费共存。

②确立了排污费“收支两条线”的原则。排污者向指定的商业银行缴纳排污费，再由商业银行按规定的比例将收到的排污费分别解缴到中央国库和地方国库。排污费不再用于补助环境保护执法部门所需的行政经费，该项经费列入本部门预算，由本级财政予以保障。

③《排污费征收使用管理条例》规定了罚则，是对排污者未按规定缴纳排污费、以欺骗手段骗取批准减缴、免缴或者缓缴排污费以及环境保护专项资金使用者不按照批准的用途使用环境保护专项资金等违法行为进行处罚的依据，使收取排污费以及排污费的专款专用有了保障。

《排污费征收使用管理条例》关于污水排水费的具体规定：对向水体排放污染物的，按照排放污染物的种类、数量计征污水排污费；超过国家或者地方规定的水污染物排放标准的，按照排放污染物的种类、数量和本办法规定的收费计征的收费额加一倍征收超标准排污费；对向城市污水集中处理设施排放污水、按规定缴纳污水处理费的，不再征收污水排污费；对城市污水集中处理设施接纳符合国家规定标准的污水，其处理后排放污水的有机污染物（化学需氧量、生化需氧量、总有机碳）、悬浮物和大肠杆菌群超过国家或地方排放标准的，按上述污染物的种类、数量和本办法规定的收费标准计征的收费额加一倍，向城市污水集中处理设施运营单位征收污水排污费，对氨氮、总磷暂不收费；对城市污水集中处理设施达到国家或地方排放标准排放的水，不征收污水排污费。

该条例的颁布实施，为我国环保事业的发展提供了有力的法律保障。通过排污收费这一经济杠杆，鼓励排污者减少污染物的排放，促进污染治理，进而提高资源利用效率，保护和改善环境。

4. 污染许可证可交易

（1）排污许可制度。排污许可制度是指向环境排放污染物的企事业单位，必须首先向环境保护行政主管部门，申请领取排污许可证，经审查批准发证后，方可按照许可证上规定的条件排放污染物的环境法律制度。国家环保总局根据《中华人民共和国水污染防治法》和《中华人民共和国海洋环境保护法》，制定了《水污染物排放许可证管理暂行办法》，规定：排污单位必须在规定的时间内，持当地环境保护行政主管部门批准的排污申请登记表申请《排放许可证》；逾期未申报登记或谎报的，给予警告处分和处以5 000元以下（含5 000元）罚款；在拒报或谎报期间，追缴1~2倍的排污费。逾期未完成污染物削减量以及超出《排放许可证》规定的污染物排放量的，处以1万元以下（含1万元）罚款，并加倍收缴排污费；拒绝办理排污申报登记或拒领《排放许可证》的，处以5万元以下（含5万元）罚款，并加倍收缴排污费；被中止或吊销《排放许可证》的单位，在中止或吊销《排放许可证》期间仍排放污染物的，按无证排放处理。

但是，排污许可制度在经济效益上存在很多缺陷：许可排污量是根据区域环境目标可达性确定的，只有在偶然的情况下，才可出现许可排污水平正好位于最优产量上，通常是缺乏经济效益的；只有当所有排污者的边际控制成本相等时，总的污染控制成本才达到最小，即使对各企业所确定的许可排污量都位于最优排污水平，由于各企业控制成本不同，难以符合污染控制总成本最小的原则。由于排污许可证制是指令性控制手段，要有特定的实施机构，还必须从有关行业雇用专业人员，同时，排污收费制的实施还需要建立预防执法者与污染者相互勾结的配套机制，这些都导致了执行费用的增加。此外，排污许可证制是针对现有排污企业进行许可排污总量的确定，对将来新建、扩建、改建项目污染源的排污指标分配没有设立系统的调整机制，对污染源排污许可量的频繁调整不仅增加了工作量和行政费用，而且容易使企业对政策丧失信心。这些都可能导致排污许可证制度在达到环境目标上的低效率。

（2）污染许可证可交易。可交易的排污许可证制避免了以上两种污染控制制度的弊端。所谓可交易的排污许可证制，是对指令控制手段下的排污许可证制的市场化，即建立排污许可证的交易市场，允许污染源及非排污者在市场上自由买卖许可证。排污权交易制具有以下优点：一是只要规定了整个经济活动中允许的排污量，通过市场机制的作用，企业将根据各自的控制成本曲线，确定生产与污染的协调方式，社会总控制成本的调整将趋于最低。二是与排污收费制相比，排污交易权不需要事先确定收费率，也不需要对费用率做出调整。排污权的价格通过市场机制的自动调整，排除了因通货膨胀影响而降低调控机制有效性的可能，能够提供良好的持续激励作用。三是污染控制部门可以通过增发或收购排污权来控制排污权价格，与排污许可证制相比，可大幅度减少行政费用支出。同时非排污者可以参与市场发表意见，一些环保组织可以通过购买排污权达到降低污染物排放、提高环境质量的目的。总之，可交易的排污许可证制是总量控制配套管理制度的最优选择。

可交易排污许可证制是排污许可证制的附加制度，它以排污许可证制度为基础。随着计划经济体制向市场经济体制的过渡，建立许可证交易制的市场条件逐步成熟，新建、扩建企业对排污许可有迫切的要求，构成排污交易市场足够庞大的交易主体。因此，污染控制部门应当积极引导，尽快建成适应我国社会经济发展与环境保护需要的市场化的排污许可交易制，在我国社会经济可持续发展过程中实现经济环保效益的整体最优化。

20 世纪 90 年代以后，中国一些地方也开始尝试应用污染许可证制度来解决污染问题。下面是一个上海的例子，位于黄浦江上游水源保护区的上海吉田拉链有限公司，因扩大生产规模，其污水污染物排放量超过排污许可证允许的指标，而上海中药三厂由于实施了污水治理设施改造，污水污染物排放量大大减少，致使该厂排污指标有剩余。于是，这两家厂在环保部门的见证审批下，签订了排污指标有偿转让协议：由吉田拉链公司出资 60 万元转让费，从中药三厂获得每天 680t 污水和每天 40kgCOD（化学需氧量）的排放指标。两厂的排污指标有偿转让后，吉田厂为实现扩大再生产赢得了时间，而上海中药三厂长期致力于环境投入在经济效益上取得了一定的回报。

（二）水环境保护的工程技术措施

水环境保护还需要一系列的工程技术措施，主要包括以下几类：

1. 加强水体污染的控制与治理

（1）地表水污染控制与治理。由于工业和生活污水的大量排放，以及农业面源污染和水土流失的影响，造成地面水体和地下水体污染，严重危害生态环境和人类健康。对于污染水体的控制和治理主要是减少污水的排放量。大多数国家和地区根据水源污染控制与治理的法律法规，通过制定减少营养物和工厂有毒物排放标准和目标，建立污水处理厂，改造给水、排水系统等基础设施建设，利用物理、化学和生物技术加强水质的净化处理，加大污水排放和水源水质监测的力度。对于量大面广的农业面源污染，通过制定合理的农业发展规划，有效的农业结构调整，有机和绿色农业的推广以及无污染小城镇的建设，对面源污染进行源头控制。

污染地表水体的治理另一个重要措施就是内源的治理。由于长期污染，在地表水体的底泥中存在着大量的营养物及有毒有害污染物质，在合适的环境和水文条件下不断缓慢地释放出来，在浓度梯度和水流的作用下，在水体中不断地扩散和迁移，造成水源水质的污染与恶化。目前，底泥的疏浚、水生生态系统的恢复、现代物化与生物技术的应用成为内源治理的重要措施。

（2）地下水污染控制与治理。近年来，随着经济社会的快速发展，工业及生活废水排放量的急剧增加，农业生产活动中农药、化肥的过量使用，城市生活垃圾和工业废渣的不合理处置，导致我国地下水环境遭受不同程度的污染。地下水作为重要的水资源，是人类社会主要的饮水来源和生活用水来源，对于保障日常生活和生态系统的需求具有重要作用。尤其对我国而言，地下水约占水资源总量的1/3，地下水资源在我国总的水资源中占有举足轻重的地位。

关于地下水污染治理，国内做了不少基础工作，但在具体的地下水污染治理技术方面积累的不多。国外在这方面开展的研究较早，大约在20世纪初欧美就开始了相关的研究工作，到20世纪70年代，这些国家逐渐形成较为成熟的地下水污染治理技术。地下水污染治理技术主要有：物理处理法、水动力控制法、抽出处理法、原位处理法。

①物理处理法。物理处理法包括屏蔽法和被动收集法。屏蔽法是在地下建立各种物理屏障，将受污染水体圈闭起来，以防止污染物进一步扩散蔓延；常用的灰浆帷幕法是用压力向地下灌注灰浆，在受污染水体周围形成一道帷幕，从而将受污染水体圈闭起来；其他的物理屏障法还有泥浆阻水墙、振动桩阻水墙、块状置换、膜和合成材料帷幕圈闭法等。这是一种适合在地下水污染初期用作一种临时性的控制方法。被动收集法是在地下水流的下游挖一条足够深的沟道，在沟内布置收集系统，将水面漂浮的污染物质收集起来，或将受污染地下水收集起来以便处理的一种方法，在处理轻质污染物（如油类等）时比较有效。

②水动力控制法。水动力控制法是利用井群系统通过抽水或向含水层注水，人为地区别地下水的水力梯度，从而将受污染水体与清洁水体分隔开来。根据井群系统布置方式的不同，水力控制法又可分为上游分水岭法和下游分水岭法。水动力控制法不能保证从地下环境中完全、永久地去除污染物，被用作一种临时性的控制方法，一般在地下水污染治理的初期用于防止污染物的蔓延。①

③抽出处理法。抽出处理法是最早使用、应用最广的经典方法，根据污染物类型和处理费用分为物理法、化学法和生物法三类。在受污染地下水的处理中，井群系统的建立是关键，井群系统要控制整个受污染水体的流动。处理地下水的去向主要有两个，一个是直接使用，另一个则多用于回灌。后者为主要去向，用于回灌多一些的原因是回灌一方面可以稀释被污染水体，冲洗含水层；另一方面可以加速地下水的循环流动，从而缩短地下水的修复时间。此方法能去除有机污染物中的轻非水相液体，而对重非水相液体的治理效果甚微。此外，地下水系统的复杂性和污染物在地下的复杂行为常常干扰此方法的有效性。

④原位处理法。原位处理法是当前地下水污染治理研究的热点，该方法不单成本低，而且还可减少地表处理设施，减少污染物对地面的影响。该方法又可划分为物理化学处理

---

① 任树梅. 水资源保护［M］. 北京：中国水利水电出版社，2003.

法和生物处理法。物理化学处理法技术手段多样，包括通过井群系统向地下加入化学药剂，实现污染的降解；对于较浅较薄的地下水污染，可以建设渗透性处理床，污染物在处理床上生成无害化产物或沉淀，进而除去，该方法在垃圾场渗液处理中得到了应用。生物处理法主要是人工强化原生菌的自身降解能力，实现污染物的有效降解，常用的手段包括：添加氧、营养物质等。

地下水污染治理难度大，因此要注重污染的预防。对于遭受污染的水体，在污染初期要将污染水体圈闭起来，尽可能地控制污染面积，然后根据地下水文地质条件和污染物类型选择合适的处理技术，实现地下水污染的有效治理。

2. 节约用水、提高水资源的重复利用率

节约用水、提高水资源的重复利用率，可以减少废水排放量，减轻环境污染，有利于水环境的保护。

节约用水是我国的一项基本国策，节水工作近年来得到了长足的发展。据估计，工业用水的重复利用率全国平均在40%~50%之间，冷却水循环率约为70%~80%。节约用水、提高水资源的重复利用率可以从下面几个方面来进行。

(1) 农业节水。农业节水可通过喷灌技术、微灌技术、渗灌技术、渠道防渗以及塑料管道节水技术等农艺技术来实现。

(2) 工业节水。目前我国城市工业用水占城市用水量的比例约为60%~65%，其中约80%由工业自备水源供应。因为工业用水量所占比例较大、供水比较集中，具有很大的节水潜力。工业可以从以下三个方面进行节水：①加强企业用水管理。通过开源节流，强化企业的用水管理；通过实行清洁生产战略，改变生产工艺或采用节水以至无水生产工艺，合理进行工业或生产布局，以减少工业生产对水的需求；③通过改变生产用水方式，提高水的循环利用率及回用率，提高水的重复利用率，通常可在生产工艺条件基本不变的情况下进行，是比较容易实施的，因而是工业节水的主要途径。

(3) 城市节水。城市用水量主要包括综合生活用水、工业企业用水、浇洒道路和绿地用水、消防用水以及城市管网输送漏损水量等其他未预见用水。城市节水可以从以下五个方面进行：①提高全民节水意识。通过宣传教育，使全社会了解我国的水资源现状、缺水状况，水的重要性，使全社会都有节水意识，人人行动起来参与到节水行动中，养成节约用水的好习惯；②控制城市管网漏失，改善给水管材，加强漏算管理；③推广节水型器具，常用的节水型器具包括节水型阀门、节水型淋浴器、节水型卫生器具等，据统计，节水型器具设备的应用能够降低城市居民用水量32%以上；④污水回用，污水回用不仅可以缓解水资源的紧张问题，又可减轻江河、湖泊等受纳水体的污染，目前处理后的污水主要回用于农业灌溉、工业生产、城市生活等方面；⑤建立多元化的水价体系。水价应随季节、丰枯年的变化而改变；水价应与用水量的大小相关，宜采用累进递增式水价；水价的制定应同行业相关。

3. 市政工程措施

（1）完善下水道系统工程，建设污水、雨水截流工程。减少污染物排放量，截断污染物向江、河、湖、库的排放是水污染控制和治理的根本性措施之一。我国老城市的下水道系统多为雨污合流制系统，既收集、输送污水，又收集、输送雨水，在雨季，受管道容量所限，仅有一部分的雨污混合水送入污水处理厂，而剩下的未经处理的雨污混合水直接排入附近水体，造成了水体污染。应采取污染源源头控制，改雨污合流制排水系统为分流制、加强雨水下渗与直接利用等措施。

（2）建设城市污水处理厂和天然净化系统。排入城市下水道系统的污水必须经过城市污水处理厂处理后达标才能排放。因此，城市污水处理厂规划和工艺流程设计是一项十分重要的工作，应根据城市自然、地理、社会经济等具体条件，考虑当前及今后发展的需要，通过多种方案的综合比较分析确定。

许多国家从长期的水系治理中认识到普及城市下水道，大规模兴建城市污水处理厂，普遍采用二级以上的污水处理技术，是水环境保护的重要措施。例如：20世纪英国的泰晤士河、美国的芝加哥河都是随着大型污水处理厂的建立和使用水质得到改善；美国、加拿大两国五大湖也是由于在湖边建立了大量三级污水处理厂使湖水富营养化得到了有效控制。

（3）城市污水的天然净化系统。城市污水天然净化系统利用生态工程学的原理及自然界微生物的作用，对废水、污水实现净化处理。在稳定塘、水生植物塘、水生动物塘、湿地、土地处理系统的组合系统中，菌藻及其他微生物、浮游动物、底栖动物、水生植物和农作物及水生动物等进行多层次、多功能的代谢过程，并伴随着物理的、化学的、生物化学的多种过程，使污水中的有机污染物、氮、磷等营养成分及其他污染物进行多级转换、利用和去除，从而实现废水的无害化、资源化与再利用。因此，天然净化符合生态学的基本原则，并具有投资少、运行维护费低、净化效率高等优点。

4. 水利工程措施

水利工程在水环境保护中具有十分重要的作用。包括引水、调水、蓄水、排水等各种措施的综合应用，可以调节水资源时空分布，可以改善也可以破坏水环境状况。因此，采用正确的水利工程措施来改善水质，保护水环境是十分必要的。

（1）调蓄水工程措施。通过江河湖库水系上修建的水利工程，改变天然水系的丰、枯水量不平衡状况，控制江河径流量，使河流在枯水期具有一定的水量以稀释净化污染物质，改善水资源质量。特别是水库的建设，可以明显改变天然河道枯水期径流量，改变水环境质量。

(2) 进水工程措施。从汇水区来的水一般要经过若干沟、渠、支河而流入湖泊、水库，在其进入湖库之前可设置一些工程措施控制水量水质。

①设置前置库，对库内水进行渗滤或兴建小型水库调节沉淀，确保水质达到标准后才能汇入大、中型江、河、湖、库之中。

②兴建渗滤沟，此种方法适用于径流量波动小、流量小的情况，这种沟也适用于农村、禽畜养殖场等分散污染源的污水处理，属于土地处理系统。在土壤结构符合土地处理要求且有适当坡度时可考虑采用。

③设置渗滤池，在渗滤池内铺设人工渗滤层。

(3) 湖、库底泥疏浚。利用机械清除湖、库的污染底泥。它是解决内源磷污染释放的重要措施，能将营养物直接从水体中取出，但会产生污泥处置和利用的问题。可将挖出来的污泥进行浓缩，上清液经除磷后回送至湖、库中，污泥可直接施向农田，用作肥料，并改善土质。在底泥疏浚过程中必须把握好几个关键技术环节：①尽量减少泥沙搅动，并采取防扩散和泄漏的措施，避免悬浮状态的污染物对周围水体造成污染；②高定位精度和高开挖精度，彻底清除污染物，并尽量减少挖方量，在保证疏浚效果的前提下，降低工程成本；③避免输送过程中的泄漏对水体造成二次污染；④对疏浚的底泥进行安全处理，避免污染物对其他水系和环境产生污染。

5. 生物工程措施

利用水生生物及水生态环境食物链系统达到去除水体中氮、磷和其他污染物质的目的，其最大的特点是投资少、效益好，有利于建立水生生态循环系统。

第四节　污水处理技术分析

一、污水处理技术基础

污水处理，实质上是采用各种手段和技术，将污水中的污染物质分离出来，或将其转化为无害的物质，污水也就因此而得以净化。

大量的有害物质和有用物质存在于污水中，如果不加以处理而排放，不仅是一种浪费，且会造成社会公害。

（一）污水处理方法

现代污水处理技术，按照其技术实现原理可以分为物理处理法、化学处理法、生物化学处理法和物理化学处理法四类。

1. 物理处理法。利用物理作用分离污水中呈悬浮状态的固体污染物质。方法有：筛滤法、沉淀法、气浮法、上浮法、过滤法和反渗透法等。

2. 化学处理法。利用化学反应的作用，分离回收污水中处于各种状态的污染物质（包括悬浮的、溶解的、胶体的等）。主要方法有：中和、混凝、电解、氧化还原、汽提、萃取、吸附、离子交换和电渗析等。生产污水处理使用比较多的就是化学处理法。

3. 生物化学处理法。利用微生物的代谢作用，使污水中呈溶解、胶体状态的有机污染物转化为稳定的无害物质。

4. 物理化学处理法。污染物质的去除还可以利用物理化学作用来实现。常用的方法有：吸附法、膜分离法、离子交换法、汽提法、萃取法等。

城市污水与生产污水中的污染物是多种多样的，仅仅借助于一种手段很难达到预期效果，往往需要采用几种方法的组合，才能处理不同性质的污染物与污泥，达到净化的目的与排放标准。

（二）污水处理程度

按照处理程度，污水处理技术可以划分为一级、二级和三级处理。

1. 一级处理：主要去除污水中呈悬浮状态的固体污染物质，物理处理法大部分只能满足一级处理的要求。经过一级处理后的污水，BOD 一般只可去除 30%左右，跟排放标准仍然是有一定差距的。一级处理属于二级处理的预处理。

2. 二级处理：主要去除污水中呈胶体和溶解状态的有机污染物质（BOD、COD 物质），去除率非常高甚至能够达到 90%以上，使有机污染物达到排放标准。

3. 三级处理：是在一级、二级处理后，进一步处理难降解的有机物和磷、氮等能够导致水体富营养化的可溶性无机物等。主要方法有生物脱氮除磷法、混凝沉淀法、砂滤法、活性炭吸附法、离子交换法和电渗析法等。

（三）污水处理工艺流程

确定合理的处理流程，需要根据污水的水质及水量、受纳水体的具体条件以及回收的有用物质的可能性和经济性等多方面考虑。一般通过实验，确定污水性质，进行经济技术比较，最后可以决定选用哪种工艺流程。

(1) 城市污水处理流程。有机物是城市污水的主要组成部分，典型处理流程如图 4-4 所示。

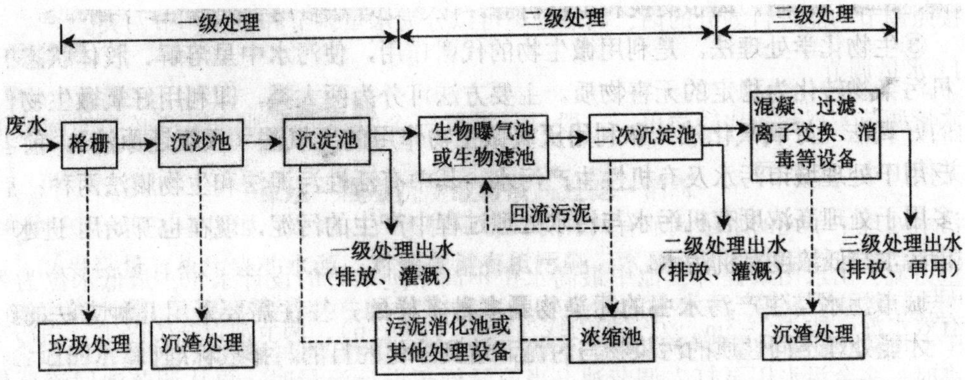

图 4-4 城市污水典型处理流程

(2) 工业废水处理流程。各种工业废水的水质差别非常明显，水量也不恒定，并且处理的要求也不相同，因此，对工业废水处理一般采用的处理流程为：

污水→澄清→回收有毒物质处理→再用或排放

对于某一种污水来说，究竟采用哪些方法或哪几种方法联合使用，须根据国家的建设方针、污水的水质和水量、回收的经济价值、排放标准、处理方法的特点等，通过调查、分析和比较后决定。必要时，先对其进行试验研究，这样才能选择最佳的处理办法。

二、水的物理处理

水的物理处理是借助于物理作用分离和去除水中不溶性悬浮物或固体，又称为机械治理法，常用的有：筛滤、均和调节、沉淀与上浮、离心分离、过滤等。其中前三项在城市污水处理流程中常用在主体处理构筑物之前，故又被称为预处理或前处理。下面以调节为例来进行介绍。

(一) 调节的作用

工业企业由于生产工艺的原因，在不同工段、不同时间所排放的污水有着天壤之别，尤其是操作不正常或设备发生泄漏时，污水的水质就会急剧恶化，水量也会大大增加，往往会超出污水处理设备的正常处理能力。

具体来说，以下几个方面充分体现了调节的作用：1. 提供对污水处理负荷的缓冲能力，处理系统负荷的急剧变化得以有效防止；2. 减少进入处理系统污水流量的波动，使处理污水时所用化学品的加料速率稳定，从而跟加料设备的能力相匹配；3. 防止高浓度的有毒物质直接进入生物化学处理系统。

（二）调节处理的类型

按照调节功能进行划分的话，调节处理可以分为水量调节和水质调节两类。

1. 水量调节

水量调节实现起来比较简单，一般只需设置一个简单的水池，保持必要的调节池容积，并使出水均匀即可。

污水处理中单纯的水量调节有两种方式：一种为线内调节，如图4-5所示，进水一般采用重力流，出水用泵提升，池中最高水位不高于进水管的设计水位，最低水位为死水位，有效水深一般为2~3m。另一种为线外调节（图4-6），调节池设在旁路上，当污水流量过高时，多余污水用泵打入调节池，当流量低于设计流量时，再从调节池回流至集水井，然后再对其进行后续处理。①

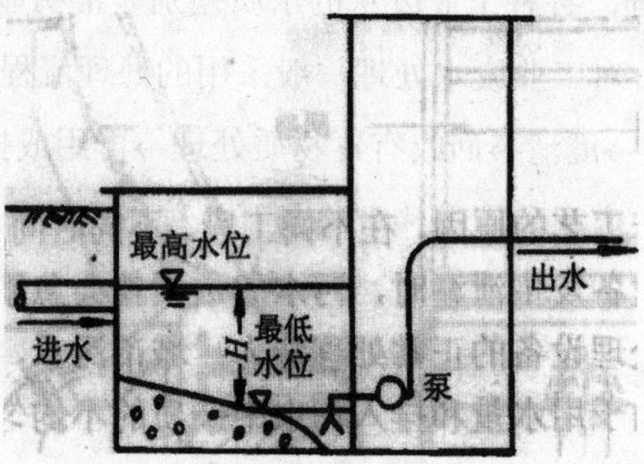

图4-5　线内调节池

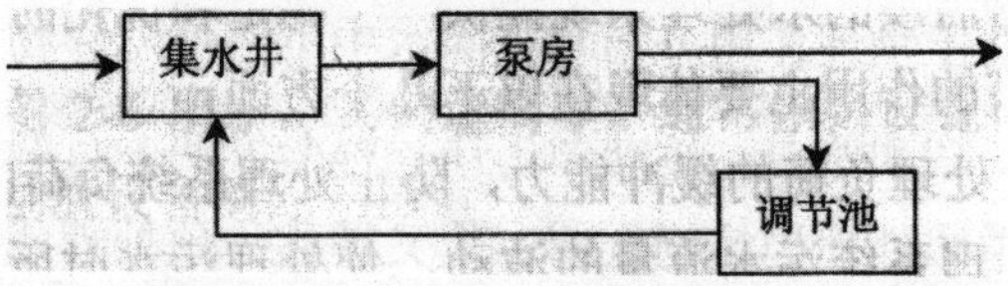

图4-6　线外调节池

线外调节与线内调节相比，进水管高度不会对其调节池造成任何影响，施工和排泥较方便，但被调节水量需要两次提升，消耗动力大。一般都设计成线内调节。

2. 水质调节

水质调节的任务是对不同时间或不同来源的污水进行混合，使流出的水质比较均匀，以避免后续处理设施承受过大的冲击负荷。可通过以下方法来实现水质调节：

（1）外加动力调节。外加动力就是在调节池内，采用外加叶轮搅拌、鼓风空气搅拌、水泵循环等设备对水质进行强制调节，它的设备比较简单，运行效果好，但需要投入的

① 刘贤娟，梁文彪. 水文与水资源利用［M］. 郑州：黄河水利出版社，2014.

更多。

（2）差流方式调节。采用差流方式进行强制调节，能够混合不同时间和不同浓度的污水，这种方式基本上没有运行费用，但设备较复杂。

①对角线调节池。对角线调节池是常用的差流方式调节池，其类型很多，结构如图4-7所示。对角线调节池的特点是出水槽沿对角线方向设置，污水由左右两侧进入池内，经不同的时间流到出水槽，从而使先后过来的、不同浓度的废水混合，从而实现自动调节均和的目的。

为了尽可能地防止污水在池内短路现象的发生，可以在池内设置若干纵向隔板。污水中的悬浮物会在池内沉淀，对于小型调节池，可考虑设置沉渣斗，通过排渣管定期将污泥排出池外；如果调节池的容积很大，需要设置的沉渣斗过多，这样管理起来太麻烦，可考虑将调节池做成平底，用压缩空气搅拌，以防止沉淀，空气用量为1.5~3m^3/（m^2·h）。调节池的有效水深采取1.5~2m，纵向隔板间距为1~1.5m。

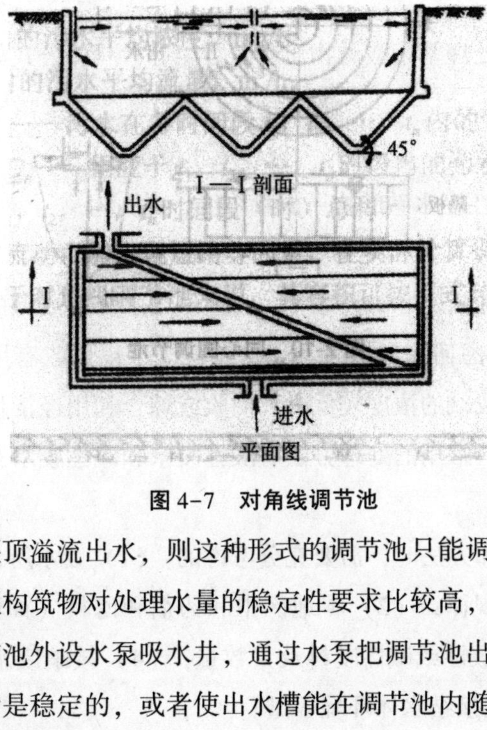

图4-7 对角线调节池

如果调节池采用堰顶溢流出水，则这种形式的调节池只能调节水质的变化，而不能调节水量。如果后续处理构筑物对处理水量的稳定性要求比较高，可把对角线出水槽放在靠近池底处开孔，在调节池外设水泵吸水井，通过水泵把调节池出水抽送到后续处理构筑物中，水泵出水量可认为是稳定的，或者使出水槽能在调节池内随水位上下自由波动，以便贮存盈余水量，补充水量短缺。

②折流调节池。在池内设置许多折流隔墙，控制污水1/3~1/4流量从调节池的起端流入，在池内来回折流，延迟时间，充分混合、均衡；剩余的流量通过设在调节池上的配水槽的各投配口等量地投入池内前后各个位置，从而使先后过来的、不同浓度的废水混合，以使自动调节均和的目的得以顺利实现。

③同心圆调节池。同心圆调节池的结构原理类似于对角线调节池，只是做成圆形。

另外，利用部分水回流方式、沉淀池沿程方式，也可以实现水质均和调节。在实际生产中，具体选用哪种调节方法可以根据实际情况来选择。

三、水的化学处理

水的化学处理方法是借助化学反应来去除水中污染物，从而达到改善水质、控制污染的目的。常用的水的化学处理方法有中和、混凝、化学沉淀、氧化还原和消毒，下面重点介绍中和。

借助于化学法，去除废水中的酸或碱，使 pH 值达到中性的过程，这就是中和的实现原理。

（一）中和法原理

1. 中和法原理

酸性或碱性废水中和处理基于酸碱物质摩尔数相等，具体公式如下：

$$Q_1C_1 = Q_2C_2$$

式中，Q_1 为酸性废水流量，L/h；Q_2 为碱性废水流量，L/h；C_1 为酸性废水酸的物质的量浓度，mmol/L；C_2 为碱性废水碱的物质的量浓度，mmol/L。

2. 中和方法

工业企业常常会有酸性废水和碱性废水，当这些废水含酸或碱的浓度很高时，例如在3%~5%以上，应尽可能考虑回用和综合利用，这样既可以回收有用资源，处理费用也会因此得以减少。当其含酸或碱的浓度较低时，回收或综合利用经济价值不大时，才考虑中和处理。对于酸、碱废水，常用的处理方法有酸性废水和碱性废水互相中和、药剂中和和过滤中和三种。

以下因素是在选择中和方法时，需要充分考虑的：(1) 废水所含酸类或碱类物质的性质、水量、浓度及其变化规律；(2) 本地区中和药剂和滤料（如石灰石）的供应情况；(3) 就地取材所能获得的酸性或碱性废料及其数量；(4) 接纳废水的管网系统、后续处理工艺对 pH 值的要求以及接纳水体环境容量。

3. 中和药剂和滤料

针对酸性废水和碱性废水需要的中和剂各不相同，酸性废水中和处理采用的中和剂和滤料有石灰、石灰石、白云石、苏打、苛性碱、氧化镁等；碱性废水中和处理通常采用盐酸和硫酸。

苏打和苛性碱具有宜贮存和投加，反应快，宜溶于水等优点，但其价格较高，通常使用比较少。相反，石灰、石灰石、白云石来源广、价格低廉，使用的频率非常高。但其存在下列不足：劳动条件和环境条件差；产生泥渣量大，难于运送和脱水；对设备腐蚀性较强，且需投加和反应的设备较多。

（二）中和法工艺技术与设备

1. 酸碱废水相互中和工艺

可根据废水水量和水质排放规律来确定酸碱废水的相互中和。当水质、水量变化较小时，且后续处理对 pH 值要求较宽时，可在管道、混合槽、集水井中进行连续反应；当水质、水量变化较大时，且后续处理对 pH 值要求较高时，应设连续流中和池。中和池水力停留时间视水质、水量而定，一般 1~2h；当水质变化较大，且水量较小时，宜采用间歇式中和池。为保证出水 pH 值稳定，其水力停留时间应相应延长，如 8h（一班）、12h（一夜）或 1d。

2. 药剂中和处理

中和处理最常见的是酸性废水的中和处理。此时选择中和剂时应尽可能使用工业废渣，如电气石废渣、钢厂废石灰等。当酸性废水含有较多杂质时，具有一定絮凝作用的石灰乳可以说是不错的选择。在含硫酸废水的处理中，由于生成的硫酸钙会在石灰颗粒表面形成覆盖层，影响或阻止中和反应的继续进行，所以，中和剂石灰石、白垩石或白云石的颗粒应在 0.5mm 以下。

由于中和剂的纯度是无法得到根本保证的，加之中和剂中和反应一般不能完全彻底，因此，和理论用量比起来，中和剂用量要相对高一些。在无试验资料条件下，用石灰乳中和强酸（硫酸、硝酸和盐酸）时一般按 1.05~1.10 倍理论需要量投加；用石灰干投或石灰浆投加时，一般需要 1.40~1.50 倍理论需要量。

石灰做中和剂时，可干法和湿法投加，一般多采用湿式投加。投加工艺流程见图4-8。当石灰用量较小时（一般小于 1t/d），可用人工方法进行搅拌、消解。反之，采用机械搅拌、消解。经消解的石灰乳排至安装有搅拌设备的消解槽，后用石灰乳投配装置（见图 4-9）投加至混合反应装置进行中和。混合反应时间一般采用 2~5min。采用其他中和剂时，其反应时间可根据反应速度的快慢来适当延长。

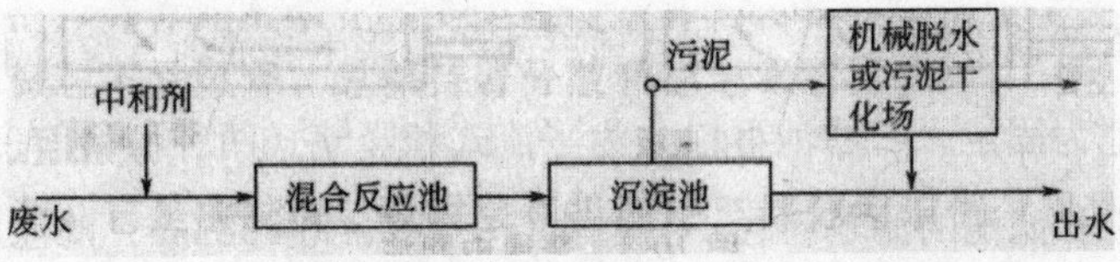

图 4-8 药剂中和处理工艺流程

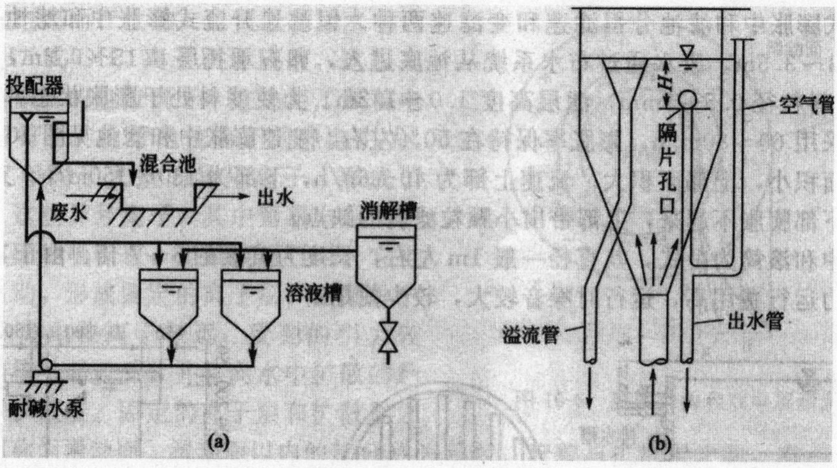

图 4-9　石灰乳投配系统

(a) 投配系统；(b) 投配器

当废水水量较小时，不设混合反应池也是可行的；反之，水量很大时，一般需设混合反应池。石灰乳在池前投加，混合反应采用机械搅拌或压缩气体搅拌。

可通过沉淀的方法去除反应产生的沉渣。一般沉淀时间 1~2h。当沉渣量较小时，多采用竖流式沉淀池重力排渣；当沉渣量较大时，可采用平流式沉淀池排放沉渣。由于沉渣含水率在 95%左右，渣量较大时，沉渣需进行机械脱水处理。反之，可采用干化场干化。

大量沉渣会因为石灰或石灰乳等方式的采用而产生，沉渣处理不仅设备投资费用较高，且人工成本较大，存在管理难、有环境风险等隐患。目前，大中城市的很多工业企业往往选用投加苛性碱等强碱物质，使之溶解后通过计量泵或蠕动泵投加，并采用 pH 计探头进行反应条件监控，有力地改善了反应条件，提高了中和处理的效果。

对应碱性废水，若含有可回收利用的氨时，可用工业硫酸中和回收硫酸铵。若无回收物质，多采用烟道气（二氧化碳含量可达 24%）中和。烟道气借助湿式除尘器、采用碱性废水喷淋，使气水逆向接触，进行中和反应。此法的特点是以废治废，投资省、费用低，但出水色度往往较高，会含有一定量的硫化物，仍需对其做进一步处理。

3. 过滤中和

仅可在酸性废水的中和处理中发现过滤中和的身影。酸性废水通过碱性滤料时与滤料进行中和反应的方法叫过滤中和法。过滤中和的碱性滤料主要为石灰石、白云石、大理石等。中和的滤池有普通中和滤池、上流式或升流式膨胀中和滤池、滚筒中和滤池。

普通中和滤池为固定床。滤池可以分为平流式和竖流式两种。目前多采用竖流式（见图 4-10）。普通中和滤池的滤料粒径不宜过大，一般为 30~50mm，滤池厚度 1~1.5m，过滤速度 1~1.5m/h，不大于 5m/h，接触时间不少于 10min。

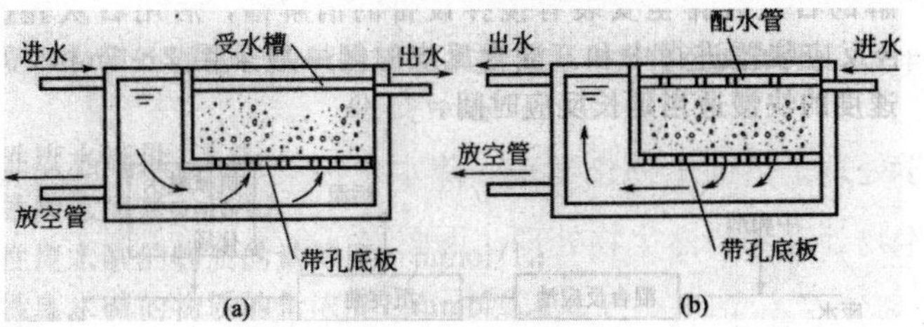

图 4-10　普通中和池

（a）升流式；（b）降流式

升流式膨胀中和滤池分恒滤速和变滤速两种。恒滤速升流式膨胀中和滤池见图 4-11。冒滤池高度 3~3.5m。废水通过布水系统从池底进入，卵石承托层 0.15~0.2m，粒径 20~40mm。滤料粒径 0.5~3mm，滤层高度 1.0~1.2m。滤速一般采用 60~80m/h，膨胀率保持在 0%左右，这样可以使滤料处于膨胀状态并相互摩擦。变速膨胀中和滤池见图 4-12。滤池下部横截面面积小，上部面积大。流速上部为 40~60/h，下部为 130~150m/h，克服了恒速膨胀滤池下部膨胀不起来，上部带出小颗粒滤料的缺点。

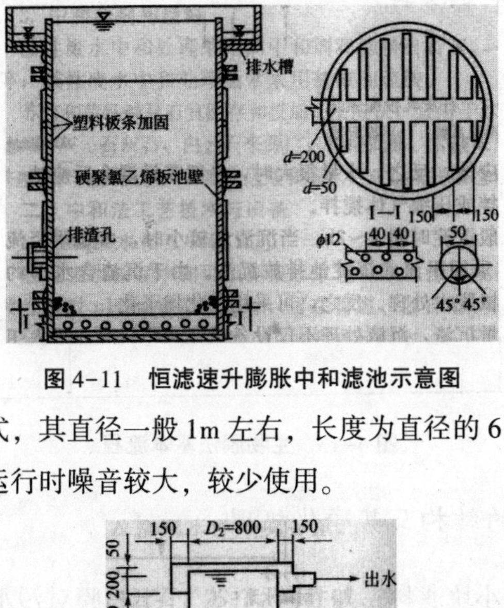

图 4-11　恒滤速升膨胀中和滤池示意图

过滤中和滚筒为卧式，其直径一般 1m 左右，长度为直径的 6~7 倍。由于其构造较复杂，动力运行费用高，运行时噪音较大，较少使用。

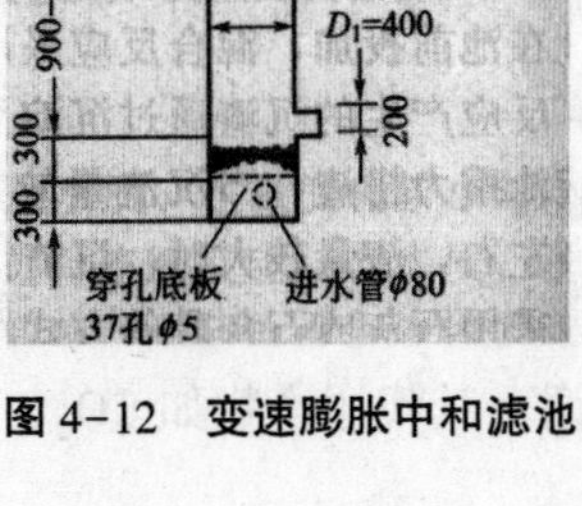

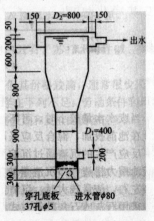

图 4-12　变速膨胀中和滤池

四、水的生物化学处理

水的生物化学处理是借助生物化学来去除水中污染物，常用的方法有：活性污泥法、生物膜法、厌氧生物处理和自然生物处理。下面重点介绍生物膜法。

（一）生物膜的产生

生物膜主要由细菌的菌胶团和大量的真菌菌丝组成，其中还有许多原生动物和较高等动物生长。

在生物滤池表面的滤料中，一些褐色或其他颜色的菌胶团是比较常见的，也有的滤池表层有大量的真菌菌丝存在，因此形成一层灰白色的黏膜。下层滤料生物膜则呈黑色。在春、夏、秋三季，滤池中容易滋生灰蝇，它们的幼虫色白透明，头粗尾细，常分布在滤料表面，成虫后即在滤池及其周围栖翔。

（二）生物膜的工艺流程

生物膜法的基本流程如图 4-13 所示。污水经沉淀池去除悬浮物后进入生物膜反应池，有机物将会被有效去除。生物膜反应池出水入二沉池去除脱落的生物体，澄清液排放。污泥浓缩后运走或进一步处置。

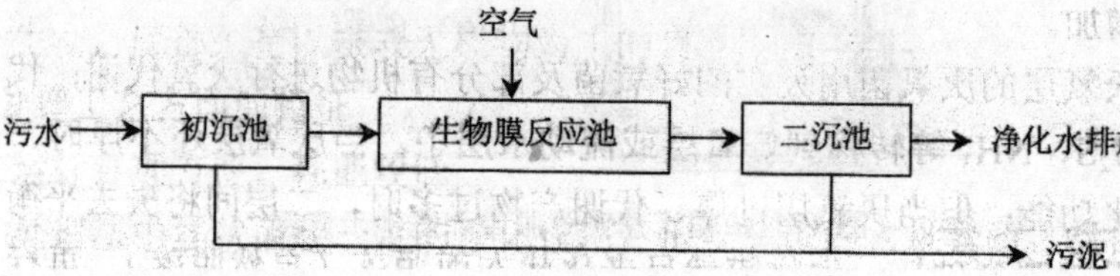

图 4-13　生物膜法基本流程

（三）生物膜法的结构及其净化机理

图 4-14 是生物膜一小块滤料放大了的示意图。生物膜对污水的净化作用可借助生物膜法的结构与净化机理进行分析。

从图中可以看出，滤料表面的生物膜可分为厌氧层和好氧层。由于生物膜的吸附作用，在好氧层表面有一层附着水层，在附着水层外部，是流动水层。由于进入生物处理池中的待处理污水，有机物浓度较高。因此，当流动水流经滤料表面时，有机物就会从运动着的污水中通过扩散作用转移到附着水层中去，并进一步被生物膜所吸附。同时空气中的氧也通过流动水、附着水进入生物膜的好氧层中；在氧的参与下，生物膜中的微生物对有机物进行氧化分解和机体新陈代谢，其代谢产物如 CO_2、H_2O 等无机物又沿着相反的方向从生物膜经过附着水排到流动水层及空气中去，使污水得到净化。同时，微生物得以迅速繁殖，生物膜厚度不断增加，造成厌氧层厚度不断增加。

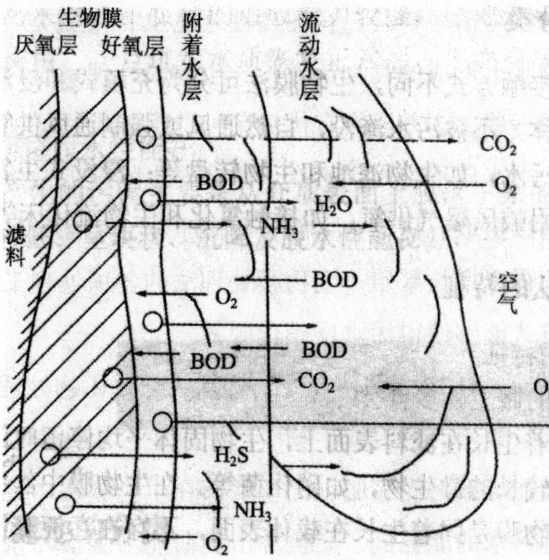

图 4-14 生物膜结构及其工作示意图

内部厌氧层的厌氧菌用死亡的好氧菌及部分有机物进行厌氧代谢；代谢产物如有机酸、H_2S、NH_3等转移到好氧层或流动水层中。当厌氧层还不厚时，好氧层的净化功能仍具有作用；但当厌氧层过厚、代谢产物过多时，两层间将失去平衡，好氧层上的生态系统遭到破坏，生物膜就呈老化状态而脱落（自然脱落），再行开始增长新的生物膜。在生物膜成熟后的初期，微生物好氧代谢旺盛，净化功能最好；在膜内出现厌氧状态时，净化功能下降，而当生物膜脱落时降解效果最差。生物膜就是通过吸附→氧化→增厚→脱落过程而不断地对有机污水进行净化的。但好氧代谢起主导作用，是有机物去除的主要过程。

（四）生物膜法的分类及特点

1. 生物膜法的分类

按生物膜与污水接触方式的差异，生物膜法可分为充填式和浸没式两类：充填式生物膜法的填料（载体）不被污水淹没，自然通风或强制通风供氧，污水流过填料表面或盘片旋转浸过污水，如生物滤池和生物转盘等；浸没式生物膜法的填料完全浸没于水中，一般采用鼓风曝气供氧，如接触氧化和生物流化床等。

2. 生物膜处理法的特征

（1）微生物相方面的特征：①参与净化反应的微生物多样化。生物膜中微生物附着生长在滤料表面，生物固体平均停留时间较长，因此在生物膜上可生长世代期较长的微生物，如硝化菌等。在生物膜中丝状菌很多，有时还起主要作用。由于生物膜是固着生长在载体表面，污泥膨胀问题得以有效避免，因此丝状菌的优势得到了充分的发挥。此外，线虫类、轮虫类以及寡毛类微型动物出现的频率也较高。②生物的食物链较长。在生物膜上生长繁育的生物中，微型动物存活率较高。在捕食性纤毛虫、轮虫类、线虫类之上栖息着寡毛类和昆虫，因此，生物膜上形成的食物链较长。生物膜处理系统内产生的污泥量和活性污泥处理系统比起来要少一些。③各段具有优势菌种。由于生物滤池污水是自上而下流动，逐步得以净化，而且上下水质不会固定不变，因此对生物膜上微生物种群发生了不可忽视的作用。在上层大多是以摄取有机物为主的异养微生物，底部则是以摄取无机物为主的自养型微生物。④硝化菌得以增长繁殖。生物膜处理法的各项处理工艺都具有一定的硝化功能，采取适当的运行方式能够使得污水反硝化脱氮。

（2）处理工艺方面的特征：①运行管理方便、耗能较低。生物处理法中丝状菌起一定的净化作用，但丝状菌的大量繁殖，污泥或生物膜的密度也会因此得以降低。在活性污泥法运行管理中，丝状菌增加能导致污泥膨胀，而丝状菌在生物膜法中无不良作用。相对于活性污泥法，生物膜法处理污水的能耗低。②抗冲击负荷能力强。污水的水质、水量时刻在变化，当短时间内变化较大时，即产生了冲击负荷，生物膜法处理污水对冲击负荷的适应能力较强，处理效果较为稳定。有毒物质对微生物有伤害作用，一旦进水水质恢复正常后，即可有效恢复生物膜净化污水的功能。③具有硝化作用。在污水中起硝化作用的细菌属自养型细菌，容易生长在固体介质表面上被固定下来，故用生物膜法进行污水的硝化处理，取得的效果非常理想，且较为经济。④污泥沉降脱水性能好。生物膜法产生的污泥主要是从介质表面上脱落下来的老化生物膜，为腐殖污泥，其含水率较低、呈块状、沉降及脱水性能良好，在二沉池内其能够得以有效分离，得到较好的出水水质。

五、水的物理化学处理

膜分离技术是近 30 年来发展起来的一种高新技术，在能源、电子、石化、环保等各个领域均可看到其身影。膜分离技术是利用特殊的薄膜对液体中的某些成分进行选择性透过的技术总称。

溶剂透过膜的过程称为渗透，而溶质透过膜的过程称为渗析。电渗析、反渗透、膜滤（微滤、纳滤、超滤）为常用的膜分离方法，其次还有自然渗析和液膜技术。这些分离技术有很多共同的优点：可以在一般的温度下进行分离，因而特别适用于对热敏感的物质，如对果汁、酶、药品等的分离、分级、浓缩与富集过程就可采用膜分离技术：能耗较低，因此又称为节能技术；设备简单；易于操作，便于维修以及适用范围广等。几种主要的膜分离法的特点如表 7-2 所示。

表 7-2 几种主要的膜分离法的特点

过程	推动力	膜孔径/$\times 10^{-10}$m	透过物	截留物	用途
渗析	浓度差	10~100	低分子量物质、离子	溶剂、大分子溶解物	分离溶质，酸碱的回收中会用得到
电渗析	电位差	10~100	电解质离子	非电解质大分子物质	分离离子，用于回收酸碱、苦咸水淡化
反渗透	压力差	<100	水溶剂	溶质、盐（悬浮物、大分子、离子）	分离小分子物质，用于海水淡化，去除无机离子或有机物
超滤	压力差	10~400	水、溶剂及小分子	生物制品、胶体大分子	截留分子量大于500的大分子

（一）电渗析

1. 电渗析原理

电渗析是在直流电场的作用下，以电位差为推动力，利用离子交换膜的选择透过性，把电解质从溶液中分离出来，使溶液的淡化、浓缩、精制或纯化的目的得以顺利实现。电渗析过程其实是电解和渗析扩散过程的组合。渗析是用膜将浓度不同的溶液隔开，溶质即从浓度高的一侧透过膜扩散到浓度低的一侧，这种现象称为渗析。渗透膜一般具有阴、阳离子选择透过性，阳膜常含有带负电荷的酸性活性基团，能选择性地使溶液中的阳离子透过，而溶液中的阴离子则因受阳膜上所带负电荷基团的同性相斥作用不能透过阳膜。阴膜通常含有带正电荷的碱性活性基团，能选择性地使阴离子透过，而溶液中的阳离子则因阴膜上所带正电荷基团的同性相斥作用不能透过阴膜，即阴膜只能透过阴离子而阳膜只能透过阳离子。电渗析过程就是在外加直流电场作用下，阴、阳离子分别往阳极和阴极移动，它们最终会于离子交换膜。图 4-15 是电渗析法在海水淡化中的应用示意图。

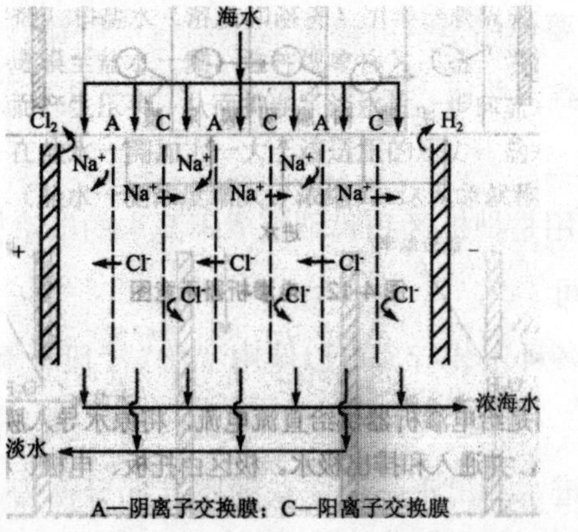

图 4-15 电渗析法在海水淡化中的应用示例

2. 渗析装置

电渗析器本体及辅助设备两部分共同构成了电渗析装置。其中的主要设备是电渗析器，利用电渗析原理进行脱盐或废水处理的装置就是电渗析器。电渗析器本体的结构包括膜堆、极区和压紧装置三大部分。附属设备是指各种料液槽、水泵、直流电源及进水预处理设备等。

（1）膜堆。交替排列的阴、阳离子交换膜和交替排列的浓、淡室隔板组成膜堆。其结构单元包括阳膜、隔板、阴膜，一个结构单元也叫一个膜对。一台电渗析器由许多膜对组成，这些膜对总称为膜堆。隔板常用 1~2 mm 的硬聚氯乙烯板制成，板上开有配水孔、布水槽、流水道、集水槽和集水孔。隔板放在阴、阳膜之间，起着分隔和支撑阴、阳膜的作用，并形成水流通道，构成浓、淡隔室。如图 4-16 所示。离子减少的隔室称为淡室，其出水为淡水；离子增多的隔室称为浓室，其出水为浓水；与电极板接触的隔室称为极室，其出水为极水。这些水需要单独收贮藏，因为他们具有不同的性质。

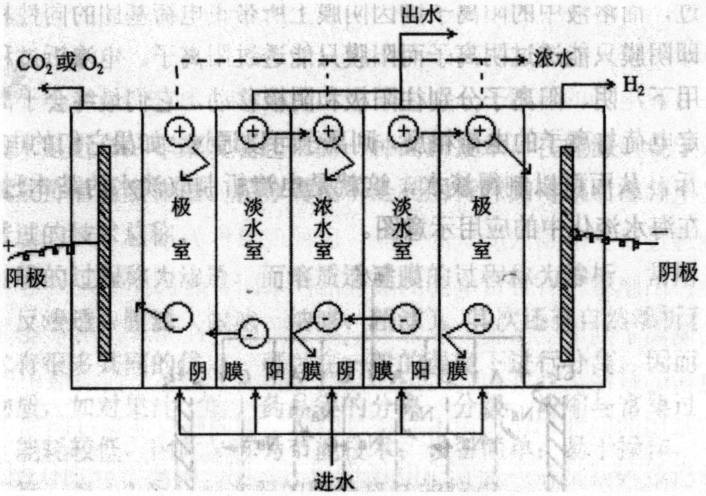

图 4-16 电渗析器示意图

（2）极区。极区的主要作用是给电渗析器供给直流电流，将原水导入膜堆的配水孔，将淡水和浓水排出电渗析器，并通入和排出极水。托板、电极、板框和弹性垫板共同构成极区。

（3）压紧装置。其作用是把极区和膜堆组成不漏水的电渗析器整体。使用压板和螺栓拉紧或者采用液压压紧均可。

在实践中，为了区分各种组装行为可以使用“级”“段”和“系列”等术语。电渗析器内电极对的数目为“级”，凡是设置一对电极的叫作一级，设置两对电极的叫作二级，以此类推。电渗析器内，进水和出水方向一致的膜堆部分称为“一段”，水流方向每改变一次，“段”的数目就增加一。

（二）反渗透

1. 反渗透原理

如果将淡水（溶剂）和盐水（溶质和溶剂）用半透膜隔开，如图 4-17 所示，淡水透过半透膜至盐水一侧是自然发生的，这种现象称为渗透。当渗透进行到盐水一侧的液面达到某一高度而产生压力，从而抑制了淡水进一步向盐水一侧渗透，这一压头称为渗透压。如果在盐水一侧加上一大于渗透压的压力，盐水中的水分就会从盐水一侧透至淡水一侧、(盐水一侧浓度增大、浓缩)，这种现象就称为反渗透。

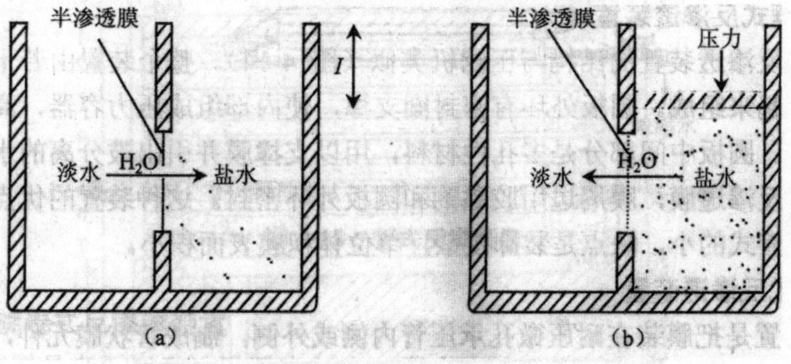

图 4-17 反渗透原理图

因此，以下两个条件是反渗透过程必须具备的：一是必须有一种高选择性和高渗透性（一般指透水性）的选择性半透膜；二是操作压力必须高于溶液的渗透压。

2. 反渗透膜

反渗透膜种类很多，以膜材料、膜形式或其他方式命名。一般来说以下多种性能是反渗透膜需要具备的：(1) 单位面积上透水量大，脱盐率高；(2) 机械强度好，多孔支撑层的压实作用小；(3) 结构均匀，使用寿命长，性能衰减慢；(4) 化学稳定性好，耐酸、碱腐蚀和微生物侵蚀；(5) 制膜容易，价格便宜，原料充足。

目前，醋酸纤维素膜（CA 膜）和芳香聚酰胺膜为水处理中使用频率较高的膜。

醋酸纤维素是 CA 膜的主体材料，外观为乳白色或淡黄色的含水凝胶膜，有一定韧性，在厚度方向上密度不均匀，属于非对称性膜。CA 膜对无机和有机的电解质去除率较高，可达 90%~99%。

芳香聚酰胺为芳香聚酰胺膜的主要成膜材料。芳香聚酰胺膜也是一种非对称结构的膜。这种反渗透膜具有良好的透水性能、较高的脱盐率，而且工作压力低（2.74MPa 即可），机械强度高，化学稳定性好，耐压实，能在 pH 值为 4~11 时使用，寿命较长。

3. 反渗透装置

反渗透装置常用的样式有四种，分别为：板框式、管式、螺卷式和中空纤维式。

（1）板框式反渗透装置。板框式反渗透装置的结构与压滤机类似（图 4-18）。整个装置由若干圆板一块一块地重叠起来组成。圆板外环有密封圈支撑，使内部组成压力容器，高压水串流通过每块板。圆板中间部分是多孔性材料，用以支撑膜并引出被分离的水。会有反渗透膜存在于每块板两面，膜周边用胶黏剂和圆板外环密封。这种装置的优点是结构简单，体积比管式的小，缺点是装卸复杂，单位体积膜表面积小。

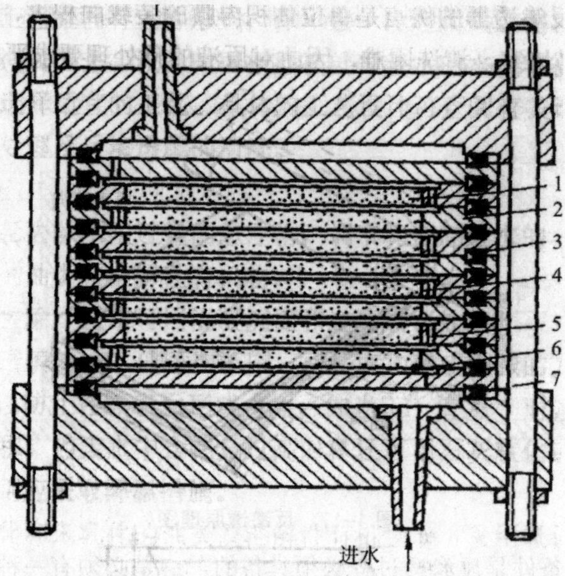

1—膜；2—水引出孔；3—橡胶密封圈；4—多孔性板；
5—处理水通道；6—膜间流水道；7—双头螺栓

图 4-18　板框式反渗透装置

（2）管式反渗透装置。这种装置是把膜装在耐压微孔承压管内侧或外侧，制成管状膜元件，然后再装配成管式反渗透器（图 4-19）。

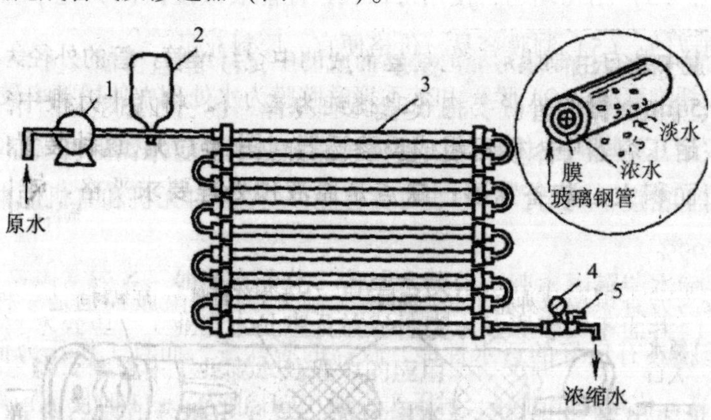

1—高压水泵；2—缓冲器；3—管式组件；4—压力表；5—阀门

图 4-19　管式反渗透器

(3) 螺旋卷式反渗透装置。在这种装置中，有一层多孔性支撑材料（柔性网格）存在于两层反渗透膜中间，并将它们的三段密封起来，再在下面铺上一层供废水通过的多孔透水格网，然后将它们的一端粘贴在多孔集水管上，绕管卷成螺旋卷筒便形成一个螺旋卷式反渗透装置（图4-20）。

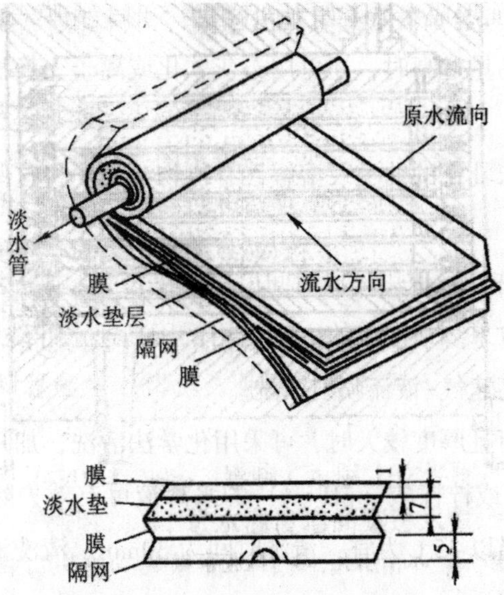

图4-20　螺旋卷式反渗透装置

(4) 中空纤维式反渗透装置。这种装置中装有由制膜液空心纺丝而成的中空纤维管，管的外径为50~100 μm，壁厚12~25 μm，管的外径与内径比为2∶1。将几十万根中空纤维膜弯成U字形装在耐压容器中，即可组成反渗透器（图4-21）。这种装置的优点是单位体积的膜表面积大，装备紧凑；缺点是原液预处理要求严格，难以发现损坏了的膜。

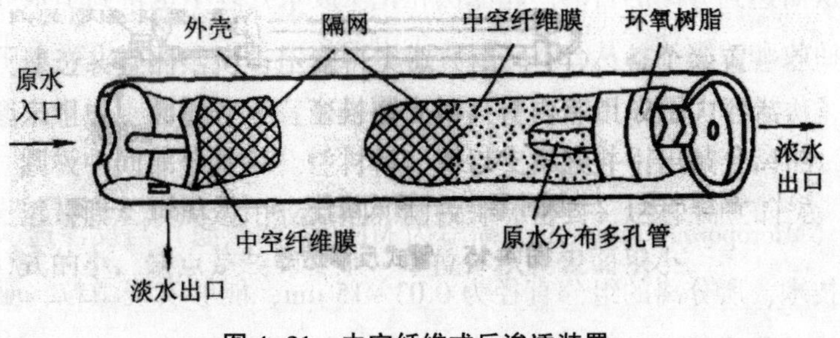

图4-21　中空纤维式反渗透装置

4. 反渗透工艺

反渗透处理的工艺流程有一级一段连续式工艺、一级一段循环式工艺及多级串联连续式工艺三种形式。设计时可根据被处理废水的水质特征、处理要求及选用组件的技术特性选择适宜的工艺。具体的工艺设计可查阅有关设计手册，这里只简单介绍废水的预处理及反渗透膜的清洗。

(1) 预处理工艺。预处理工艺包括去除水中过量的悬浮物，对进水的 pH 值和水温进行调节和控制，及去除乳化和未乳化的油类与溶解性有机物。

通常可用混凝沉淀和过滤的联合将悬浮物去除。

对于不同反渗透膜的 pH 值适用范围，可采取加酸或加碱的方法调节 pH 值，适宜的 pH 值还可以防止在膜表面形成水垢。如当 pH 值为 5 时，在膜表面磷酸钙和碳酸钙就不容易沉积了。当废水中含钙量过高时，还可用石灰软化或离子交换法加以去除。水温过高时则应采取降温措施。

对于废水中乳化和未乳化的油类及溶解性有机物，为了将这些物质除去可以采用氧化法或活性炭吸附法。

(2) 反渗透膜的清洗。膜使用一段时间后总会在表面形成污垢，如果不对其进行定期清洗的话就会影响使用效果。最简单的方法是用低压高速水冲洗膜面，时间为 30min，也有的用空气与水混合的高速气–液流喷射清洗。

当膜面污垢较密实而且厚度较大时，可采用化学法清洗，加入化学清洗剂对其进行清洗。如用盐酸（pH=2）或柠檬酸（pH=4）的水溶液可有效去除金属氧化物或不溶性盐形成的污垢，清洗时水温以 35℃为宜，清洗时间为 30min。清洗液清洗完后，再用清水反复冲洗膜面方可投入正常运行。

（三）其他膜分离技术

除了上述介绍的膜分离技术，还有超滤、微孔过滤等其他膜分离技术。超滤又称为超过滤，是利用一定孔径的膜截流溶液中的大分子物质和微粒，而溶液中的溶剂及低分子量物质能透过膜从而达到分离的目的。超滤法在化工废水处理中也得到了很好的应用。例如从含油废水中回收和浓缩油，从合成橡胶废水中回收聚合物，从造纸废水中回收碱及木质素等。由于化工废水中所含溶质涉及各种不同分子量，故常将过滤法与反渗透法及其他方法联用。

微孔过滤（Microporous Filtration，缩写为 MF，简称微滤）与反渗透、超滤均属压力驱动型膜分离技术，所分离的组分直径为 0.03～15 μm，能够实现微粒、亚微粒和细粒物质的去除，因此又称为精密过滤，是过滤技术的最新发展。

第五章　水文水资源管理技术与体系构建

水资源保护不但需要强大的水资源保护技术，更需要完善的水文水资源管理技术以及全面的水资源管理体系，因此本章首先介绍了水文水资源管理的目标、原则与内容，然后对水资源管理的技术创新发展、水资源管理的体系构建进行了详细介绍，最后对水文水资源管理的可持续发展进行了深入探讨。

第一节　水文水资源管理的目标、原则与内容分析

一、水资源管理的目标

水资源管理总的要求是水量水质并重，资源和环境管理一体化。其具体目标可概括为：改革水资源管理体制，建立权威、高效、协调的水资源统一管理体制；以《中华人民共和国水法》为根本，建立完善的水资源管理法规体系，保护人类和所有生物赖以生存的水环境和水生态系统；以水资源和水环境承载能力为约束条件，合理开发水资源，提高水的利用效率；发挥政府监管和市场调节作用，建立水权和水市场的有偿使用制度；强化计划、节约用水管理，建立节水型社会；通过水资源的优化配置，满足经济社会发展的需水要求，以水资源的可持续利用支持经济社会的可持续发展。实施水资源管理，做到科学、合理地开发利用水资源，支持社会经济发展，改善生态环境，达到水资源开发、社会经济发展及自然生态环境保护相互协调的最终目标。

二、水资源管理的原则

关于水资源管理的原则，也有不同的提法。水利部几年前就提出“五统一、一加强”，即：“坚持实行统一规划、统一调度、统一发放取水许可证、统一征收水资源费、统一管理水量水质，加强全面服务”的基本管理原则。在 1987 年出版的《中国大百科全书·大气科学·海洋科学·水文科学》卷中陈家琦等人提出水资源管理的原则：一是效益最优；

二是地表水和地下水统一规划，联合调度；三是开发与保护并重；四是水量和水质统一管理。冯尚友在《水资源持续利用与管理导论》中提出水资源管理原则：一是开发水资源、防治水患和保护环境一体化；二是全面管理地表水、地下水和水量与水质；三是开发水资源与节约利用水资源并重；四是发挥组织、法制、经济和技术管理的配合作用。

作为水资源管理的原则，总体应遵循以下几点：

（一）开发水资源、防治水患和保护环境一体化

开发水资源是为了满足人民和国民经济发展需要，防灾减灾和保护环境是为了支持和维护资源的持续生成和全社会的有序发展，三者同是可持续发展战略的有力支柱，缺一不可。开发水资源、防治水患和保护环境的最终目的是维持人类的生存与发展。开发是人类永恒的活动，而防治和保护则是开发利用的必要条件。因此，开发、防治与保护必须结合，而且要实施开发式的防治和保护，变防治和保护的被动性为开发式的主动性。

（二）地表水、地下水的水质与水量全面管理

地表水和地下水是水资源开发利用的直接对象，是水资源的两个组成部分，且二者具有互补转化和相互影响的关系。水资源包括水量和水质，二者互相影响，共同决定和影响水资源的存在和开发利用潜力。开发利用任一部分都会引起水资源量与质的变化和时空的再分配。因此，充分利用水的流动性和储存条件，联合调度、统一配置和管理地表水与地下水，对保护水资源、防治污染和提高水的利用效率是非常必要的。

同时，由于水资源及其环境受到的污染日趋严重，可用水量逐渐减少，已严重地影响到水资源的持续开发利用潜力。因此，在制订水资源开发利用规划、供水规划及用水计划时，水量与水质应统一考虑，做到优水优用，切实保护。对不同用水户、不同用水目的，应按照用水水质要求合理供给适当水质的水，规定污水排放标准和制定切实的水源保护措施。

（三）统一管理

水资源应当采取流域管理与区域管理相结合的模式，实行统一规划、统一调度，建立权威、高效、协调的水资源管理体制。调蓄径流和分配水量，应当兼顾上下游和左右岸用水、航运、竹木流放、渔业和保护生态环境的需要。统一发放取水许可证，统一征收水资源费。取水许可证和水资源费体现了国家对水资源的权属管理、水资源配置规划和水资源有偿使用制度的管理。《水法》《取水许可制度实施办法》对从地下、江河、湖泊取水实行取水许可制度和征收水资源费制度。它们是我国水资源管理的重要基础制度，是实施水

资源管理的重要手段。对优化配置水资源，提高水资源利用效率，促进水资源全面管理和节约保护都具有重要的作用。① 实施水务纵向一体化管理是水资源管理的改革方向，建立城乡水源统筹规划调配，从供水、用水、排水，到节约用水、污水处理及再利用、水源保护的全过程管理体制，将水源开发、利用、治理、配置、节约、保护有机地结合起来，实现水资源管理空间与时间的统一、质与量的统一、开发与治理的统一、节约与保护的统一，达到开发利用和管理保护水资源的经济效益、社会效益、环境效益的高度统一。

（四）保障人民生活和生态环境基本用水，统筹兼顾其他用水

《水法》规定，开发利用水资源，应当首先满足城乡居民生活用水，统筹兼顾农业、工业、生态环境以及航运等需要。在干旱和半干旱地区开发利用水资源应当充分考虑生态环境用水需要。在水源不足地区，应当限制城市规模和耗水量大的工业、农业的发展。

水是人类生存的生命线，是经济发展和社会进步的生命线，是实现可持续发展的重要物质基础。世界各国管理水资源的一个共同点就是将人类生存的基本需水要求作为不可侵犯的首要目标肯定下来。随着我国生态环境日趋恶化，生态环境用水也越来越重要，从生态环境需水的综合效应和对人类可持续发展的影响考虑，把它放到与人类基本生活需水要求一起考虑是必要的。我国是人口大国、农业大国，历来粮食安全问题就是关系国计民生的头等大事，合理的农业用水比其他用水更重要。在满足人类生活、生态基本用水和农业合理用水的条件下，将水合理安排给其他各业建设与发展运用，是保障我国经济建设和实现整个社会繁荣昌盛、持续发展的重要基础。

（五）坚持开源节流并重，节流优先、治污为本的原则

我国人均水资源量较少，只相当于世界人均占有量的 1/4，属于贫水国家，且时空分布不均匀，这大大增加了对水资源开发与利用的难度。我国北方与南方水资源分布极度不均，紧张与浪费并存，用水与污染同在，呈现极不协调的现象，严重影响了我国水资源利用效率和维持社会持续发展的支撑能力。

《水法》规定国家厉行节约用水，大力推行节约用水措施，推广节约用水新技术、新工艺，发展节水型工业、农业和服务业，建立节水型社会。各级人民政府应当采取措施，加强对节约用水的管理，建立节约用水技术开发推广体系，培育和发展节约用水产业；国家对水资源实施总量控制和定额管理相结合的制度，根据用水定额、经济技术条件以及水量分配方案确定的可供本行政区域使用的水量，制订年度用水计划，对本行政区域内的年

①　张立中. 水资源管理［M］. 第 3 版. 北京：中央广播电视大学出版社，2014.

度用水实行总量控制；各单位应当加强水污染防治工作，保护和改善水质，各级人民政府应当依照水污染防治法的规定，加强对水污染防治的监督管理。而我国制订南水北调方案时，也遵循“先节水后调水、先治污后通水、先环保后用水”的基本原则。这对管理和改善我国水源不足与浪费并存，水源不足与污染并存的现状具有十分重要的指导意义。根据我国人口、环境与发展的特点，建设节水型社会，提高水利用效率，发挥水的多种功能，防治水资源环境污染，是实现经济社会持续发展的要求。只有实现了开源、节流、治污的辩证统一，才能实现水资源可持续利用战略，才能增强我国经济社会持续发展的能力，改善人民的物质生活条件。

三、水资源管理的主要内容

（一）确定管理的总体目标与指导思想

与水资源规划工作相似，在开展水资源管理工作之前，要首先确定水资源管理的目标和方向，这是管理手段得以实施的依据和保障。如在对水库进行调度管理时，丰水期要以防洪和发电为主要目标，而枯水期则要以保障供水为主要目标。

与水资源规划工作相似，指导思想同样是水资源管理的“灵魂”，有什么样的指导思想就会采取什么样的管理措施。本书前面提到的指导思想有可持续发展思想、人水和谐思想、最严格水资源管理制度、水生态文明理念。

（二）资料的收集、整理和分析

资料的收集、整理和分析是最繁琐而又最重要的基础工作之一。通常，掌握的情况越具体、收集的资料越全面，越有利于水资源管理工作的开展。

水资源管理需要收集的基础资料，与水资源规划类似，包括有关的经济社会发展资料、水文气象资料、地质资料、水资源开发利用资料以及地形地貌资料等。

在资料收集、整理之后，还要对资料进行分析，确定哪些资料是用于水资源管理措施制定时使用或参考，哪些资料作为实时的信息需要在管理过程中不断获取、传输和更新。这是实现水资源管理实时调度的基础。

（三）实时信息获取与传输

实时信息的获取与传输是水资源管理工作得以顺利开展的基础条件，通常需要获取的信息有水资源信息、经济社会信息等。水资源信息包括来水情势、用水信息以及降水观测等。经济社会信息包括与水有关的工农业生产变化、技术革新、人口变动、水污染治理以及水利工程建设等。总之，需要及时了解与水有关的信息，为未来水利用决策提供基础资料。

为了对获得的信息迅速做出反馈，需要把信息及时传输到处理中心。同时，还需要对获得的信息及时进行处理，建立水情预报系统、需水量预测系统，并及时把预测结果传输到决策中心。资料的采集可以运用自动测报技术；信息的传输可以通过无线通信设备或网络系统来实现。

（四）水资源评价及水资源问题剖析

关于水资源评价工作内容已在第四章详细介绍过。在水资源评价工作的基础上，正确了解研究区水资源系统状况，科学分析存在的水资源问题，比如水短缺、水污染等，这是科学制定水资源管理措施的重要基础。

（五）水资源管理现状及问题分析

调查统计主要经济社会指标、供水基础设施及其供水能力、供水量、用水量、供水水质，评价用水水平和用水效率，评价水资源的开发利用程度。对不合理的水资源开发利用进行分析总结，剖析水资源管理带来的问题，总结水资源管理本身存在的问题。

（六）归纳水资源管理需要解决的问题及主要工作内容

在以上分析的基础上，归纳研究区水资源管理目前需要解决的问题，进一步确定水资源管理的主要工作内容。可以根据研究区水资源条件、存在的管理问题以及工作任务，具体选择水资源管理主要内容。

（七）水资源管理方案选择与论证

在以上大量研究工作的基础上，对水资源管理方案选择与论证，大致有两种途径：一是对选定的水资源管理方案进行对比分析，通过定性、定量相结合手段，分析确定选择的水资源管理方案；二是根据研究区的社会、经济、生态环境状况、水资源条件、管理目标，建立该区水资源管理模型，通过对该模型的求解，得到最优管理方案。

（八）制定水资源管理措施

根据比选得到的水资源管理方案，统筹考虑水资源的开发、利用、治理、配置、节约和保护，研究制定相应的具体措施，并进行社会、经济和环境等多准则综合评价，最终确定水资源管理措施。

(九) 水资源管理实施的可行性、可靠性分析

对选择的管理方案实施的可行性、可靠性进行分析。可行性分析，包括技术可行性、经济可行性，以及人力、物力等外部条件的可行性；可靠性分析，是对管理方案在外部和内部不确定因素的影响下实施的可靠度、保证率的分析。

(十) 水资源运行调度与实时管理

水资源运行调度是对传输的信息，在通过决策方案优选、实施可行性、可靠性分析之后，做出的及时调度决策。可以说，这是在实时水情预报、需水预报的基础上，所做的实时调度决策。

第二节　水资源管理的技术创新发展

人类社会的不断发展，使得水资源问题越来越突出，类型也越来越复杂。解决人类所面临的各种水问题，实现对水资源合理的开发、利用和保护，是水资源管理的主要目标。而这一目标的实现，需要借助于各种先进技术手段。现代科学技术的不断发展与进步，为人类进行科学的水资源管理提供了有利的技术支持，使得水资源管理工作的开展更科学、合理和高效。3S 技术、水资源监测技术、节水技术、污水处理技术、海水利用技术、现代信息技术等在水资源管理中都发挥了有力的作用。本节将对这些技术做一简单介绍。

一、3S 技术

(一) 3S 技术简介

3S 技术是以地理信息系统（GIS）、遥感技术（RS）、全球定位系统（GPS）为基础，将这三种技术与其他高科技（如网络技术、通信技术等）有机结合成一个整体而形成的一项新的综合技术。它充分集成了 RS、GPS 高速与实时的信息获取能力、CIS 强大的数据处理和分析能力，可以有效进行水资源信息的收集、处理和分析，为水资源管理决策提供强有力的基础信息资料和决策支持。

地理信息系统（GIS）是以空间地理数据库为基础，利用计算机系统对地理数据进行采集、管理、操作、分析和模拟显示，并用地理模型的方法，实时提供多种空间信息和动态信息，为地理研究和决策服务而建立起来的综合的计算机技术系统。GIS 以计算机信息技术作为基础，增强了对空间数据的管理、分析，处理能力，有助于为决策提供支持。

遥感（RS）技术是 20 世纪 60 年代发展起来的，是一种远距离、非接触的目标探测技

术和方法，它根据不同物体因种类和环境条件不同而具有反射或辐射不同波长电磁波的特性来提取这些物体的信息，识别物体及其存在环境条件的技术。遥感技术可以更加迅速、更加客观地监测环境信息，获取的遥感数据也具有空间分布特性，可以作为地理信息系统的一个重要的数据源，实时更新空间数据库。

全球定位系统（GPS）是利用人造地球卫星进行点位测量的一种导航技术，通过接收卫星信息来给出（记录）地球上任意地点的三维坐标以及载体的运行速度，同时它还可给出准确的时间信息，具有记录地物属性的功能，具有全天候、全球覆盖、高精度、快速高效等特点，在海空导航、精确定位、地质探测、工程测量、环境动态监测、气候监测以及速度测量等方面应用十分广泛。

3S技术的出现，为科学研究、政府管理、社会生产提供了新一代的观测手段、描述语言和思维工具。但是三者各有优缺点，3S的结合应用能取长补短，RS和GPS向GIS提供或更新区域信息及空间定位，GIS进行相应的空间分析，从RS和GPS提供的海量数据中提取有用的信息。三者的集成利用，大大提高了各自的应用效率，在水资源管理中发挥着重要的作用。

（二）3S技术在水资源管理中的应用

1. 水资源调查、评价

根据遥感获得的研究区卫星相片可以准确查清流域范围、流域面积、流域覆盖类型，河长、河网密度、河流弯曲度等。使用不同波段、不同类型的遥感资料，容易判读各类地表水的分布；还可以分析饱和土壤面积，含水层分布以及估算地下水储量。利用GPS进行野外实地定点定位校核，建立起勘测区域校核点分类数据库，可对勘测结果进行精度评价。

2. 实时监测

遥感资料具有获取迅速、及时、数据精确等特点，GPS有精确的空间定位功能，GIS具有强大的空间数据分析能力，可以用于水资源和水环境的实时监测。利用3S技术，可以对河流的流量、水位、河流断流、洪涝灾害等进行监测，也可以对水环境质量进行监测，也可以对造成水环境污染的污染源、扩散路径、速度等进行监测……3S技术的出现，使人类更方便、快捷、及时地掌握水体的水量和水质相关信息，方便进行水文预测、水文模拟和分析决策。

3. 水文模拟和水文预报

CIS对空间数据具有强大的处理和分析能力。将所获取的各种水文信息输入GIS中，使GIS与水文模型相结合，充分发挥GIS在数据管理、空间分析、可视化等方面的功能，构建基于数字高程模型的现代水文模型，模拟一定空间区域范围内的水的运动。也可以通过 RS 接收实时的卫星云图、气象信息等资料，结合实时监测结果，基于 GIS 平台并利用预测理论和方法，对各水文要素如降水、洪峰流量及其持续时间和范围等进行科学、合理的预测。水文模拟和水文预报在水资源管理中应用非常广泛。比如，可以利用水文模拟进行水库优化调度，利用水文预报为水量调度和防汛抗灾等决策提供科学、合理和及时的依据等。

4. 防洪抗旱管理

3S 技术在洪涝灾害防治以及旱情分析预报等工作中都有应用。基于 GIS 的防洪决策支持系统可以建立防洪区域经济社会数据库，结合 CPS 和 RS 可以动态采集洪水演进的数据、分析洪水情势，并借助于系统强大的数据管理、空间分析等功能，帮助决策者快速、准确地分析滞洪区经济社会重要程度，选择合理的泄洪方案。此外，3S 技术的结合还可对洪灾损失及灾后重建计划进行评估，也可以利用 GIS 结合水文和水力学模型用于洪水淹没范围预测。同样，3S 技术也可以用于旱灾的实时监测和抗旱管理中。遥感传感器获取的数据可以及时地直接或间接反映干旱情况，再利用 GIS 的数据处理、分析等功能，显示旱情范围、程度，预测其发展趋势，辅助决策制定。

5. 水土保持和泥沙淤积调查

利用 3S 技术可以建立影响水土流失因素（地质条件、地貌类型等因素）的数据库，具体方法目前主要是根据各类主题图进行数字化输入，然后从卫星影像上提取已经变化的土地利用类型和植被覆盖度，再从数字高程模型中计算出坡度、坡长，利用水土流失量和各流失因子之间的数学模型计算出流失量，进行土壤侵蚀和水土流失研究，最后输出结果。根据上述的水土流失各因子的数据库和自然因素的变化，考虑人类活动影响的现状及将来的发展趋势，可在 GIS 的支撑下做出水土保持规划。此外，利用遥感技术能够真实、具体、形象、及时地反映下垫面情况的特点，可以作为河道、河口、湖泊、水库等泥沙淤积调查的首选工具，并在监测的基础上基于 GIS 平台对淤积及由此引起的水势变化进行分析、预测，为防洪、航运、水库调度等提供决策支持。

6. 构建水资源管理信息系统

基于 3S 技术，结合网络、通信、数据库、多媒体等技术可以构建水资源管理信息系统，自动生成流域自然地理和社会要素地图，以及流域水资源供需图、灌溉规划图水污染分布图、土地利用图等，利用这些图库的属性数据结合空间数据，支持水资源规划和管理活动，可以有效地提高效率，减少重复劳动、节约投资。

7. 水资源工程规划和管理

3S 技术也可应用于大型水利水电工程及跨流域调水工程对生态环境的监测和评价中。如利用 3S 技术进行水利水电枢纽工程地质条件的调查、评价及动态监测，对水利工程的选址进行勘察、分析、评价，对水库上游水土流失调查以及对水库淤积进行趋势预测等。3S 技术的应用，也为流域综合规划和管理提供了有效的技术手段。

二、水资源监测技术

水资源监测技术是有关水资源数据的采集、存储、传输和处理的集成，可以为水资源管理提供支持。随着科技水平的不断发展，水资源监测技术也在不断进步。特别是 3S 技术的发展，也推动了水资源监测在实时性、精确性、自动化水平等方面的提高。

水资源监测技术主要指的是水文监测，主要监测江、河、湖泊、水库、渠道和地下水等的水文参数，如水位、流量、流速、降雨（雪）蒸发、泥沙、冰凌、土壤、水质、摘情等。传统的人工监测技术对数据的记录以模拟方式为主，精确度不高，即使是数字方式的记录也很难方便地输入计算机处理，且数据处理基本靠人工处理判断，费时易错；采集的水文信息实时性和准确性都较差。自动化技术的发展，使得水文监测的效率大大提高，如用于监测水位的浮子式水位计、压力式水位计、电子水尺和超声波水位计等，用于降雨量监测的翻斗式雨量计，都可以自动完成相关数据的采集和实时传输。①

水质监测是水资源监测中的另一项重要内容，也是随着水污染的不断加剧越来越引起重视的一项水资源监测内容。早期的水质监测主要采用人工抽查式的监测方法，主要是定时定点在某些监测站点抽取水样、带回实验室分析。但是，这种监测不能及时，准确地获取水质不断变化的动态数据。为了及时掌握水体水质的异常变化，在完善人工抽查式监测的同时，发展了水质移动监测系统和自动监测系统。水质移动监测系统是采用移动监测车，以便携式水质实验室和现场水质多参数分析仪为分析工具，对采集的样本迅速进行现场监测，测定其水质指标，采录污染现场，并通过移动通信设备及时将第一手资料上传至信息管理中心或相关部门。水质自动监测系统是由一个水质监测中心站控制若干个子站，设置若干个有连续自动监测仪器的监测站，实时对水质污染状况进行连续自动监测，形成一个连续自动监测系统。监测所得到的水质状况实时信息通过通信网络实时上传至水质监测中心或相关部门。

物理学、化学、生物学、计算机科学、通信技术、3S 技术等的发展，都为水资源监测技术的发展提供了有力的学科基础和技术支持，推动了水资源监测更及时、更准确、更有效地开展，从而为水资源管理决策提供了更精确、实时的信息来源，使得决策更科学合理。

---

①　刘贤娟，梁文彪. 水文与水资源利用［M］. 郑州：黄河水利出版社，2014.

三、现代信息技术

20世纪人类最伟大的创举就是造就了信息技术，并使其迅速发展，因其本身数据处理能力强大、运算速度快、效率高等优势，被迅速地应用于各个领域。在水资源管理中，水资源管理对象复杂，内容庞杂，对实效性要求高，信息技术的应用，大大提高了水资源管理的效率，是构建水资源管理信息系统必不可少的硬件。先进的网络、通信、数据库、多媒体、3S等技术，加上决策支持理论、系统工程理论、信息工程理论可以建立起水资源管理信息系统，通过该系统可将信息技术广泛地应用于陆地和海洋水文测报预报、水利规划编制和优化、水利工程建设和管理、防洪抗旱减灾预警和指挥、水资源优化配置和调度等各个方面。

除以上所谈到的技术措施外，在水资源管理过程中，所用到的技术手段还有很多。从开源、节流、减排、治污等几个方面进行考虑，加强管理，可以找到更多提高水资源利用效率、解决水问题的技术措施，保证水资源管理工作的高效开展。

第三节　水资源管理的体系构建

一、水资源管理的组织体系

组织体系是按照一定的目的和程序组成的一种权责结构体系。水资源管理的组织体系是关于水资源管理活动中的组织结构、职权和职责划分等的总称。

我国是世界上开发利用水资源、防治水患最早的国家之一，历史上很早时期就设有水行政管理机构，中华人民共和国成立后，中央人民政府设立水利部，而农田水利、水力发电、内河航运和城市供水分别由农业部、燃料工业部、交通部和建设部负责管理，水行政管理并不统一，在相当长的一段时间内，在国家一级部门之间水资源管理也是各行其责的分管形式。直到20世纪80年代初，由于“多龙治水”的局面影响到水资源的开发利用和保护治理，国务院规定由当时的水利电力部归口管理，并专门成立了全国水资源协调小组，负责解决部门之间在水资源立法、规划、利用和调配等方面的问题；1988年，国家重新组建水利部，并明确规定水利部为国务院的水行政主管部门，负责全国水资源的统一管理工作；1994年，国务院再次明确水利部是国务院水行政主管部门，统一管理全国水资源，负责全国水利行业的管理等职责；此后，在全国范围内兴起的水务体制改革则反映了我国水资源管理方式由分散管理模式向集中管理模式的转变。

在我国的水资源管理组织体系中，水利部是负责国家水资源管理的主要部门，其他各部门也管理部分水资源，如国土资源部门管理和监测深层地下水，生态环境部负责水环境保护与管理，现为住房和城乡建设部管理城市地下水的开发与保护，现为农业农村部负责建设和管理农业水利工程，省级组织中有水利部所属流域委员会和省属水利厅，更下级是各委所属流域管理局或水保局及市、县水利（务）局。两个组织系统并行共存，内部机构设置基本相似，功能也类似，不同之处是流域委员会管理范围以河流流域来界定，而地方政府水利部门只以行政区划来界定其管辖范围。我国水利部系统水资源管理组织体系见图5-1。

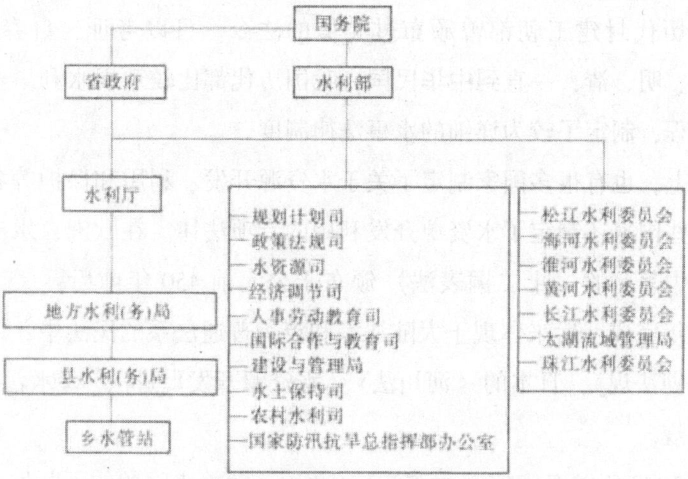

图 5-1　中国水资源管理组织体系（水利部系统）

我国水资源管理体制中存在着两个主要问题：一个问题是“多龙治水”，影响水资源的开发利用和保护治理，这一问题在我国很多城市已经得到了较好解决，成立水务局，实施水资源统一管理；另一个问题是水资源行政管理中的行政区域管理人为地将一个完整的流域划分开来，责权交叉多，难以统一规划和协调，极不利于我国水资源和水环境的综合利用和治理，需要深度加强流域委员会与省（市、自治区）到地方各级的水管理机构的协调与广泛合作，实现流域统一规划、统一管理。

二、水资源管理的法规体系

依法治国，是我国宪法所确定的治理国家的基本方略。水资源关系国民经济、社会发展的基础，在对水资源进行管理的过程中，也必须通过依法治水才能实现水资源开发、利用和保护的目的，满足经济、社会和环境协调发展的需要。

（一）法规体系基础

法规体系，也叫立法体系，是指国家制定并以国家强制力保障实施的规范性文件系统，是法的外在表现形式所构成的整体。比如，我国国务院制定和颁布的行政法规，省、自治区、直辖市人大及其常委会制定和公布的地方性法规。水资源管理的法规体系就是现行的有关调整各种水事关系的所有法律、法规和规范性文件组成的有机整体。水法规体系的建立和完善是水资源管理制度建设的关键环节和基础保障。

中国古代有关水资源管理的法规最早可追溯到西周时期，在我国西周时期颁布的《伐崇令》中规定“毋坏屋、毋填井、毋伐树木、毋动六畜。有不如令者，死无赦”，里面明令禁止填水井，违者斩，我们可以理解为这是当时政府凭借着国家的行政力量保护水资源而实施的一种管水制度。这大概是我国古代最早颁布的关于保护水源、动物和森林的法令。此后，我国历代封建王朝都曾颁布过类似的法令。可以考证，自春秋、战国、秦、汉、唐、宋、元、明、清，一直到中华民国，我国历代都比较重视水利事业的发展，修建了大量的水利工程，制定了较为详细的水事法律制度。

在国外历史上，也有很多国家制定了关于水资源开发、利用和保护等各项水事活动的综合性水法，有些国家还制定了水资源开发利用的专项法律。在欧洲，水法规则最早体现于罗马法系，其中著名的《十二铜表法》颁布于公元前450年前后；《查士丁尼民法大全》于公元534年完成，后来体现于大陆法系和英美普通法系的民法中；以及后来的如美国的《水资源规划法规》，日本的《河川法》《水资源开发促进法》《水污染防治法》《防洪法》等专项法规。

我国近代于1943年颁布实施《水利法》。此后，随着水问题的不断发展，我国水资源管理的法规也在不断修改与完善。

新中国成立后，我国在水资源方面颁布了大量具有行政法规效力的规范性文件，如1961年的《关于加强水利管理工作的十条意见》，1965年颁布的《水利工程水费征收使用和管理试行办法》，1982年颁布的《水土保持工作条例》等。1984年颁布施行的《中华人民共和国水污染防治法》是中华人民共和国的第一部水法律，1988年颁布的《中华人民共和国水法》是我国调整各种水事关系的基本法。此后又颁布了《中华人民共和国环境保护法》《中华人民共和国水土保持法》《中华人民共和国防洪法》等法律。此外，国务院和有关部门还颁布了相关配套法规和规章，各省、自治区、直辖市也出台了大量地方性法规，这些法规和规章共同组成了一个比较科学和完整的水资源管理的法规体系。

针对形势的变化和一些新问题的出现，我国于2002年8月29日又通过了修改后的《中华人民共和国水法》，并于2002年10月1日开始实施。新《水法》吸收了十多年来国内外水资源管理的新经验、新理念，对原《水法》在实施实践中存在的问题做了重大修改。新《水法》规定：“开发、利用、节约、保护水资源和防治水害，应当全面规划、统筹兼顾、标本兼治、综合利用、讲求效益，发挥水资源的多种功能，协调好生活、生产经营和生态用水。”因此，《水法》对于合理开发、利用、节约和保护水资源，防治水害，实现水资源的可持续利用，适应国民经济和社会发展的需要具有重要意义。它的出台，标志着中国进入了依法治水的新阶段。

（二）水资源管理法规体系的作用、性质和特点

水资源管理的法规与其他法律规范一样，具有规范性、强制性、普遍性等特点，但因其主要规范与水资源开发、利用、保护等行为相关的过程中存在人与人的关系、人与自然的关系，因此它又具有其特殊的性质和特点。

1. 水资源管理法规体系的作用

水资源是人类赖以生存和发展的一种必需的自然资源，随着人类社会和经济的发展，对水资源的需求范围也越来越广，需求量越来越大。然而，水资源又是一种有限资源，因此，必然会出现水资源的供需矛盾。这一矛盾的加剧又会带来水资源开发利用中人与人之间、人与自然之间的冲突发展。因此，必须用法律法规来规范人类的活动，进行有效的水资源管理。概括地说，水资源管理的法规体系，其主要作用就是借助国家强制力，对水资源开发、利用、保护、管理等各种行为进行规范，解决与水资源有关的各种矛盾和问题，实现国家的管理目标。具体表现在以下几个方面：

（1）确立水资源管理的体制。水资源管理是关系水资源可持续开发利用的事业，是关系国计民生的工作，其有效开展需要社会各界、方方面面的配合。因此，就需要建立高效的组织机构来承担指导和协调任务。一方面要确保有关水资源管理机构的权威性，另一方面要尽量避免管理机构及其人员滥用职权，因此有必要在有关水资源管理的法规中明确规定有关机构设置、分工、职责和权限，以及行使职权的程序。我国水资源管理的法规规定了我国对水资源实行流域管理与行政区域管理相结合的管理体制，这是我国水管理的基本原则；同时，科学界定了水行政主管部门、流域管理机构和有关部门的职责分工，明确了各级水行政主管部门和流域管理机构负责水资源统一管理和监督工作，各级人民政府有关部门按照职责分工负责水资源开发、利用、节约和保护的有关工作。

（2）确立一系列水资源管理制度和措施。水资源管理的法律法规确立了进行水资源管理的一系列制度，如水资源配置制度、取水许可制度、水资源有偿使用制度、水功能区划制度、排污总量管理制度、水质监测制度、排污许可审批制度和饮用水水源保护制度等，并以法律条文的形式明确了进行水资源开发、利用、保护的具体措施。这些具有可操作性的制度和措施，以法律的形式固定下来，成为有关主体必须遵守的行为规范，更好地指导人们进行水资源开发、利用和保护工作。

（3）确定有关主体的权利、义务和违法责任。各种水资源管理的法律法规规定了不同

主体（指依法享有权利和承担义务的单位或个人，主要包括国家、国家机关、企事业单位、其他社会组织和公民个人）在水资源开发利用中的权利和义务，以及违反这些规定时应依法承担的法律责任。有关法规使人们明确什么样的行为是法律允许的，保障主体依法享有的对水资源进行开发、利用的权利，同时，也使得主体明确什么行为是被禁止的，若违反法律规定要承担什么样的责任：只有对违法者进行了制裁，受害人的权利才能得到有效保障。通过对主体权利、义务和责任的规定，法规对人们的水事活动产生规范和引导作用，使其符合国家的管理目标，有利于促进水资源的可持续利用。

（4）为解决各种水事冲突提供了依据。各国水资源管理的法律法规中都明确规定了水事法律责任，并可以利用国家强制力保证其执行，对各种违法行为进行制裁和处罚，从而为解决各种水事冲突提供了依据，而且，明确的水事法律责任规定，使各行为主体能够预期自己行为的法律后果，从而在一定程度上避免了某些事故、争端的发生，或能够减少其不利影响。

（5）有助于提高人们保护水资源和生态环境的意识。通过对各种水资源管理相关的法律法规的宣传，对违法水事活动的惩处等，能够有效地提高不同群体、不同个人对节约用水、保护水资源和生态环境等理念的认识，这也是提高水资源管理效率，实现水资源可持续利用的根本。

2. 水资源管理法规体系的性质

对于法的性质，马克思主义法学认为，法是统治阶级意志的体现，是统治阶级意志的一种形态，而统治阶级意志的内容是由统治阶级的物质生活条件来决定的，指出了法的阶级性和社会性。

水资源管理法规是环境法的一个分支，而环境法是随着各国社会、经济的发展而产生的调整人们在资源开发利用中人与人之间关系的法律规范，是法律总体系中的一个重要组成部分，它具有一般法律的共性，也就是阶级性和社会性的统一，但其产生并不是因为阶级矛盾的不可调和，而是因为人与自然矛盾的加剧，现代环境法的目的——实现可持续发展，具有很强的公益性；而且，环境法的制定不但受统治阶级意志和社会规律制约，更受到客观自然规律的制约，因此，环境法的社会性更为突出。而水资源管理的法规体系，作为环境法体系的一部分，也具有阶级性和社会性统一、社会性更突出的特点。

3. 水资源管理法规体系的特点

水资源管理的有关法规，除具有普通法律法规所具备的规范性、强制性、普遍性等特点外，因其调节对象本身的原因，还具有以下特点：

（1）调整对象的特殊性。水资源管理的法律规范所调整的对象，与其他法律规范一样，也是人与人之间的关系，它通过各种相关的制度安排，规范人们的水事活动，明确人们在水资源开发利用当中的权利和义务关系，从而调整人与人之间的关系。但是，水资源管理的法律规范，其最终目的是通过调整人与人之间的关系达到调整人与自然关系的目的，促进人类社会与水资源、生态环境之间关系的协调。这也是所有环境法规的最终目的，通过间接调整人与人的关系，实现最终对人与自然关系的调整，但是，这一过程的实现又依赖于人类对人与自然关系认识的不断深入。

（2）技术性。水资源管理的法规调整对象包括了人与水资源、生态环境之间的关系，而水资源系统的演变具有其自身固有的客观规律，只有遵循这些自然规律才能顺利实现水资源管理的目标。同时，要制定能够实现既定管理目标的法律规范，必须依赖于人们对水资源相关的客观规律的研究和认识，这就使得水资源管理的法规具有了很强的科学技术性，众多的技术性规范，如水质标准、排放标准等都是水资源管理的法规体系中的基础。

（3）动态性。随着人类社会的发展，对水资源的需求不断增加，所面临的水问题也越来越复杂。因为相关的水问题是在不断发展、不断演化的，因此与其配套的水资源管理的法规必然也具有不断发展、不断演化的动态特性。

（4）公益性。水资源具有公利、公害双重特性。不管是规范水资源开发利用行为、促进水资源高效利用的法律制度安排，还是防治水污染、防洪抗旱的法律制度安排，都是为了实现人类社会的持续发展，具有公益性。

（三）水资源管理的法规体系分类

水资源管理的法规体系包括了一系列法律法规和规范性文件，按照不同的分类标准可以分为不同的类型。

从立法体制、效力等级、效力范围的角度，水资源管理的法规体系由宪法、与水有关的法律、水行政法规和地方性水法规等构成。

从水资源管理的法规内容、功能来看，水资源管理的法规体系应包括综合性水事法律和单项水事法律法规两大部分。综合性水事法律是有关水的基本法，是从全局出发，对水资源开发、利用、保护、管理中有关重大问题的原则性规定，如世界各国制定的水法、水资源法等。单项水事法律法规则是为解决与水资源有关的某一方面的问题而进行的较具体的法律规定，如日本的《水资源开发促进法》，荷兰的《防洪法》《地表水污染防治法》等。目前，单项水事法律法规的立法主要从两个方面进行，分别是与水资源开发、利用有关的法律法规和与水污染防治、水环境保护有关的法律法规。

此外，水资源管理的法规体系还可以分为实体法和程序法；专门性的法律法规和与水资源有关的民事、刑事、行政法律法规；奖励性的法律法规和制裁性的法律法规等，对一些单项法律法规还可以根据所属关系或调整范围的大小分为一级法、二级法、三级法、四级法等。

（四）我国水资源管理的法规体系构成

我国从20世纪80年代以来，先后制定、颁布了一系列与水有关的法律法规，如《中华人民共和国水污染防治法》《中华人民共和国水法》《中华人民共和国水土保持法》《中华人民共和国防洪法》等。尽管我国进行水资源管理立法的时间较短，但立法数量却大大超过一般的部门法，初步形成了一个由中央到地方、由基本法到专项法再到法规条例的多层次的水资源管理的法规体系。下面将按照立法体制、效力等级的不同对我国水资源管理的法规体系进行介绍。

1. 宪法中的有关规定

宪法是一个国家的根本大法，具有最高法律效力，是制定其他法律法规的依据。《中华人民共和国宪法》中有关水的规定也是制定水资源管理相关的法律法规的基础，《宪法》第九条第一、二款分别规定："水流属于国家所有，即全民所有。""国家保障自然资源的合理利用。"这是关于水资源权属的基本规定以及合理开发、利用和保护水资源的基本准则。对于国家环境保护方面的基本职责和总政策，《宪法》第二十六条做了原则性的规定："国家保护和改善生活环境和生态环境，防治污染和其他公害。"

2. 基本法

1988年颁布实施的《中华人民共和国水法》是我国第一部有关水的综合性法律，在整个水资源管理的法规体系中，处于基本法地位，其法律效力仅次于《宪法》，但由于当时认识上的局限以及资源法与环境法分别立法的传统，原《水法》偏重于水资源的开发、利用，而关于水污染防治、生态保护方面的内容较少。2002年，在原《水法》的基础上经过修订，颁布了新的《水法》，内容更为丰富，是制定其他有关水资源管理的专项法律法规的重要依据。其主要内容如下：

新《水法》规定，水资源属于国家所有。水资源的所有权由国务院代表国家行使。农村集体经济组织的水塘和由农村集体经济组织修建管理的水库中的水，归各农村集体经济组织使用。

新《水法》第一章（总则）规定：国家对水资源依法实行取水许可制度和有偿使用制度。国家保护水资源，采取有效措施，保护植被，植树种草，涵养水源，防治水土流失和水体污染，改善生态系统。国家厉行节约用水，大力推行节约用水措施，推广节约用水新技术、新工艺，发展节水型工业、农业和服务业，建立节水型社会。各级人民政府应当采取措施，加强对节约用水的管理，建立节约用水技术开发推广体系，培育和发展节约用水产业，单位和个人有节约用水的义务。

新《水法》第二章（水资源规划）规定：开发、利用、节约、保护水资源和防治水害，应当按照流域、区域统一制定规划。制定规划，必须进行水资源综合科学考察和调查评价；规划一经批准，必须严格执行。建设水工程，必须符合流域综合规划。在国家确定的重要江河、湖泊和跨省、自治区、直辖市的江河、湖泊上建设水工程，其工程可行性研究报告在报请批准前，有关流域管理机构应当对水工程的建设是否符合流域综合规划进行审查并签署意见；在其他江河、湖泊上建设水工程，其工程可行性研究报告报请批准前，县级以上地方人民政府水行政主管部门应当按照管理权限对水工程的建设是否符合流域综合规划进行审查并签署意见。水工程建设涉及防洪的，依照防洪法的有关规定执行；涉及其他地区和行业的，建设单位应当事先征求有关地区和部门的意见。

新《水法》第三章（水资源开发利用）规定：开发、利用水资源，应当坚持兴利与除害相结合，兼顾上下游、左右岸和有关地区之间的利益，充分发挥水资源的综合效益，并服从防洪的总体安排；应当首先满足城乡居民生活用水，并兼顾农业、工业、生态用水以及航运等需要，在干旱和半干旱地区，还应当充分考虑生态用水需要。国家鼓励开发、利用水能资源在水能丰富的河流，应当有计划地进行多目标梯级开发。建设水力发电站，应当保护生态系统，兼顾防洪、供水、灌溉、航运、竹木流放和渔业等方面的需要。国家鼓励开发、利用水运资源在水生生物洄游通道、通航或者竹木流放的河流上修建永久性拦河闸坝，建设单位应当同时修建过鱼、过船、过木设施，或者经国务院授权的部门批准采取其他补救措施，并妥善安排施工和蓄水期间的水生生物保护、航运和竹木流放，所需费用由建设单位承担。

新《水法》第四章（水资源、水域和水工程的保护）规定：在制定水资源开发、利用规划和调度水资源时，应当注意维持江河的合理流量和湖泊、水库以及地下水的合理水位，维护水体的自然净化能力。从事水资源开发、利用、节约、保护和防治水害等水事活动，应当遵守经批准的规划；因违反规划造成江河和湖泊水域使用功能降低、地下水超采、地面沉降、水体污染的，应当承担治理责任。国家建立饮用水水源保护区制度，禁止在饮用水水源保护区内设置排污口，禁止在江河、湖泊、水库、运河、渠道内弃置、堆放阻碍行洪的物体和种植阻碍行洪的林木及高秆作物。禁止围湖造地，围垦河道。单位和个人有保护水工程的义务，不得侵占、毁坏堤防、护岸、防汛、水文监测、水文地质监测等工程设施。

新《水法》第五章（水资源配置和节约使用）规定：县级以上地方人民政府水行政主管部门或者流域管理机构应当根据批准的水量分配方案和年度预测来水量，制订年度水量分配方案和调度计划，实施水量统一调度；有关地方人民政府必须服从。国家对用水实行总量控制和定额管理相结合的制度。水行政主管部门根据用水定额、经济技术条件以及水量分配方案确定的可供本行政区域使用的水量，制订年度用水计划，对本行政区域内的年度用水实行总量控制。直接从江河、湖泊或者地下取用水资源的单位和个人，应当按照国家取水许可制度和水资源有偿使用制度的规定，向水行政主管部门或者流域管理机构申请领取取水许可证，并缴纳水资源费，取得取水权。

新《水法》第六章（水事纠纷处理与执法监督检查）规定：不同行政区域之间发生水事纠纷的，应当协商处理；协商不成的，由上一级人民政府裁决，有关各方必须遵照执行。在水事纠纷解决前，未经各方达成协议或者共同的上一级人民政府批准，在行政区域交界线两侧一定范围内，任何一方不得修建排水、阻水、取水和截（蓄）水工程，不得单方面改变水的现状。单位之间、个人之间、单位与个人之间发生的水事纠纷，应当协商解决；当事人不愿协商或者协商不成的，可以申请县级以上地方人民政府或者其授权的部门调解，也可以直接向人民法院提起民事诉讼。在水事纠纷解决前，当事人不得单方面改变现状。县级以上人民政府水行政主管部门和流域管理机构应当对违反本法的行为加强监督检查并依法进行查处。

新《水法》第七章（法律责任）规定：出现下列情况的将承担法律责任（包括刑事责任、行政处分、罚款等）：水行政主管部门或者其他有关部门以及水工程管理单位及其工作人员，利用职务上的便利收取他人财物、其他好处或者工作玩忽职守；在河道管理范围内建设妨碍行洪的建筑物、构筑物，或者从事影响河势稳定、危害河岸堤防安全和其他妨碍河道行洪的活动的；在饮用水水源保护区内设置排污口的；未经批准擅自取水以及未依照批准的取水许可规定条件取水的；拒不缴纳、拖延缴纳或者拖欠水资源费的；建设项目的节水设施没有建成或者没有达到国家规定的要求，擅自投入使用的；侵占、毁坏水工程及堤防、护岸等有关设施，毁坏防汛、水文监测、水文地质监测设施的；在水工程保护范围内，从事影响水工程运行和危害水工程安全的爆破、打井、采石、取土等活动的；侵占、盗窃或者抢夺防汛物资，防洪排涝、农田水利、水文监测和测量以及其他水工程设备和器材，贪污或者挪用国家救灾、抢险、防汛、移民安置和补偿及其他水利建设款物的；在水事纠纷发生及其处理过程中煽动闹事、结伙斗殴、抢夺或者损坏公私财物、非法限制他人人身自由的；拒不执行水量分配方案和水量调度预案的；拒不服从水量统一调度的；拒不执行上一级人民政府的裁决的；引水、截（蓄）水、排水损害公共利益或者他人合法权益的。

3. 单项法规

在我国水资源管理的法规体系中，除了有基本法，还针对我国水污染防治、水土保持、洪水灾害防治等的需要，制定了《中华人民共和国水污染防治法》《中华人民共和国水土保持法》和《中华人民共和国防洪法》等专项法律，为我国水资源保护、水土保持、洪水灾害防治等工作的顺利开展提供了法律依据。

4. 由国务院制定的行政法规和法规性文件

从1985年《水利工程水费核定、计收和管理办法》到2014年《南水北调工程供用水管理条例》，其间由国务院制定的与水有关的行政法规和法规性文件很多件，内容涉及水利工程的建设和管理、水污染防治、水量调度分配、防汛、水利经济、流域规划等众多方面。如《中华人民共和国河道管理条例》（1988年）、《中华人民共和国防汛条例》（1991年）、《国务院关于加强水土保持工作的通知》（1993年）和《中华人民共和国水土保持法实施条例》（1993年）、《取水许可制度实施办法》（1993年）、《中华人民共和国抗旱条例》（2009年）、《城镇排水与污水处理条例》（2013年）等，与各种综合性法律相比，这些行政法规和法规性文件的规定更为具体、详细。

5. 由国务院及所属部委制定的相关部门行政规章

由于我国水资源管理在很长一段时间内实行的是分散管理的模式，因此不同部门从各自管理范围、职责出发，制定了很多与水有关的行政规章，以环境保护部门和水利部门分别形成的两套规章系统为代表。环境保护部门侧重于水质、水污染防治，主要是针对排放系统的管理，出台的相关行政规章主要有：管理环境标准、环境监测的《环境标准管理办法》（1983年）、《全国环境监测管理条例）（1983年）、《城镇排水与污水处理条例》（2013年）；管理各类建设项目的《建设项目环境管理办法》（1986年）及其《程序》（1990年）；行政处罚类的《环境保护行政处罚办法》（1992年）及《报告环境污染与破坏事故的暂行办法》（2006年）；排污管理方面的《水污染物排放许可证管理暂行办法》（1988年）、《排放污染物申报登记管理规定》（1992年）、《征收排污费暂行办法》（1982年）、《关于增设“排污费”收支预算科目的通知》（1982年）、《征收超标准排污费财务管理和会计核算办法）（1984年）等。水利部门则侧重于水资源的开发、利用，出台的相关行政规章主要有：涉及水资源管理方面的，如《取水许可申请审批程序规定》（1994年）、《取水许可水质管理办法》（1995年）、《取水许可监督管理办法》（1996年）、《实行最严格水资源管理制度考核办法》（2013年）等；涉及水利工程建设方面的，如《水利工程建设项目管理规定》（1995年）、《水利工程质量监督管理规定》（1997年）、《水利工程质量管理规定》（1997年）、《三峡水库调度和库区水资源与河道管理办法》（2008年）等；有关水利工程管理、河道管理的，如《水库大坝安全鉴定办法》（1995年）、《关于海河流域河道管理范围内建设项目审查权限的通知》（1997年）、《南水北调工程供用水管理条例》（2014年）等；关于水文、移民方面的，如《水利部水文设备管理规定》（1993年）、《水文水资源调查评价资质和建设项目水资源论证资质管理办法（试行）》（2003年）；关于水利经济方面的，如《关于进一步加强水利国有资产产权管理的通知》（1996

年）《水利旅游区管理办法（试行）》（1999 年）等。

6. 地方性法规和行政规章

水资源时空分布往往存在很大差异，不同地区的水资源条件、面临的主要水资源问题以及地区经济实力等都各不相同，因此水资源管理需要因地制宜展开，各地方可制定与区域特点相符合、能够切实有效解决区域问题的法律法规和行政规章。目前，我国已颁布了很多与水有关的地方性法规、省级政府规章及规范性文件。

7. 各种相关标准

为了方便水资源管理工作的开展，控制水污染，保护水资源，保证水环境质量，保护人体健康和财产安全，由行政机关根据立法机关的授权而制定和颁布的各种相关标准，同样具有法律效力，是水资源管理的法规体系的重要组成部分。如《地面水环境质量标准》（GB3838—1983）、《渔业水质标准》（TJ35—1979）、（农田灌溉水质标准》（1985）、《生活饮用水卫生标准》（GB5749—1985）、《景观娱乐用水水质标准》（GB12941—1991）、《污水综合排放标准》（GB8978—1996）（1996）和其他各行业分别执行的标准等，这些标准一经批准发布，各有关单位必须严格贯彻执行，不得擅自变更或降低。

8. 立法机关、司法机关的相关法律解释

这是指由立法机关、司法机关对以上各种法律、法规、规章、规范性文件做出的说明性文字，或是对实际执行过程中出现问题的解释、答复，大多与程序、权限、数量等问题相关。如《全国人大常委会法制委员会关于排污费的种类及其适用条件的答复》《关于“特大防汛抗旱补助费使用管理办法”修订的说明》（1999 年）等，这些都是水资源管理法规体系的有机构成。

9. 其他部门法中相关的法律规范

由于水资源问题涉及社会生活的各个方面，除以上直接与水有关的综合性法律、单项法规、行政法规和部门规章外，其他的部门法如《中华人民共和国民法通则》《中华人民共和国刑法》《中华人民共和国农业法》中的有关规定也适用于水法律管理。

三、水资源管理的制度体系

水资源管理是一项十分复杂的工作，除必须有一套严格的组织体系、法规体系外，还应该不断提升形成一套适合本区域水资源管理的、对一般行为有约束的制度体系。水资源管理制度体系是特定条件下的水资源管理模式，是对执行的水资源管理方式的高度概括和行动指南。从包含关系上看，制度体系应该包括组织体系、法规体系、技术标准体系等，是水资源管理约束性条文的总称。

（一）国外流行的水资源综合管理制度介绍

水资源综合管理（IWRM）起源于20世纪90年代，之后又得到不断地改进和发展，是目前国际上比较流行的主流水资源管理模式，甚至被很多人认为是解决水资源问题的唯一可行的办法。①

尽管水资源综合管理如此重要，但世界范围内尚没有一个明确、清晰且被大家广为接受的定义，甚至称谓也比较多，水资源综合管理也常被称为水资源一体化管理、水资源统一管理、水资源集成管理等。目前，比较有代表性的定义是全球水伙伴组织（Global Water Partnership，简称GWP）给出的定义：“水资源综合管理是以公平的方式，在不损害重要生态系统可持续性的条件下，促进水、土及相关资源的协调开发和管理，从而使经济和社会财富最大化的过程。”

水资源综合管理是在当前水资源短缺、水环境污染、洪涝灾害频发等水问题不断加剧的情况下提出的一种水资源管理新思路、新方法，人们期待着通过水资源综合管理的实施来有效地解决水问题，促进水资源可持续利用，这是全球水行业的美好愿望，也成为水资源综合管理被赋予的艰巨任务。

水资源综合管理的实质如下：

1. 坚持可持续发展的理念，保障当代人之间，当代人与后代人之间，以及人与自然之间公平合理地利用水资源，实现水资源可持续利用。

2. 把流域或区域水资源看成一个系统来开发利用和保护，将河流上下游、左右岸、干支流、水量与水质、地表与地下水、兴利与除害、开发与保护等均作为一个完整的系统进行统一管理。

3. 采用综合措施。水资源管理是一项十分复杂的工作，需要多种措施综合运用，包括行政的手段、法律的手段、经济杠杆、宣传教育、知识普及、科学技术运用等。

4. 依靠完善的制度体系。针对水资源管理的自然属性和社会属性，需要建立一套适应水资源流动性、多功能性、环境属性、自然—社会相联系的统一管理制度体系，包括行政管理、法律法规、技术标准等，这些制度是水资源综合管理的重要保障。

5. 充分考虑水资源开发保护与经济社会协调发展。水资源是经济社会发展的重要基础资源，随着经济社会的发展，对水资源的需求不断增加，水资源又是有限的，为了保障水资源可持续利用，必须限制人们用水无限增加的行为，实现协调发展。

6. 实现综合效益最大化。通过一系列措施的实施和统一管理，实现经济效益、社会

① 林洪孝. 水资源管理理论与实践［M］. 北京：中国水利水电出版社，2003.

效益、环境效益、综合效益最大的目标，使有限的水资源为人类带来尽可能多的效益。

自20世纪90年代提出水资源综合管理以来，学术界做了大量的研究工作，实践中也取得了很多成就，涌现出许许多多有重要意义的应用范例，比如，欧盟成员国开展的以流域为单元的水资源综合管理研究和实践工作，2000年颁布和执行欧盟水框架指令，进行了相关的立法，并开展了大量水资源综合管理的研究和实践工作。可以说，世界上几乎所有国家都认为水资源综合管理是解决目前复杂水问题的一个很好的办法，大多数国家已完成或正在进行水资源综合管理和用水效能计划的制订。我国很早就伴随着国际社会一起开展了很多关于水资源综合管理的讨论，也在一些省市（如福建）、一些流域（如海河、淮河流域）开展实践应用，为我国水资源有效管理做出了重要的贡献。

（二）我国现行的最严格水资源管理制度介绍

我国水资源时空分布极不均匀，人均占有水资源量少，经济社会发展相对较落后，水资源短缺、水环境污染极其严重，在这种背景下迫切需要实行更加合理有效的水资源管理方式。最严格水资源管理制度也就是在这一背景下提出并得以实施的，就是希望通过制定更加严格的制度，从取水、用水、排水三方面进行严格控制。

最严格水资源管理制度最早于2009年提出，2010年“中国水周”的宣传主题定为“严格水资源管理，保障可持续发展”。2011年中央一号文件明确提出要“实行最严格的水资源管理制度，确保水资源的可持续利用和经济社会的可持续发展”。2012年1月，国务院发布了《国务院关于实行最严格水资源管理制度的意见》（国发〔2012〕3号）文件，对实行最严格水资源管理制度做出全面部署和具体安排。2013年1月，国务院又发布了《实行最严格水资源管理制度考核办法》（国发〔2013〕2号）文件，对实行最严格水资源管理制度考核办法进行具体规定。这说明实行最严格的水资源管理制度是当前和今后一个时期水资源管理的主旋律，也是解决当前一系列日益复杂的水资源问题，实现水资源高效利用和有效保护的根本途径。

最严格水资源管理制度的主要内容包括“三条红线”和“四项制度”。最严格水资源管理制度的核心是确立“三条红线”，具体是：水资源开发利用控制红线，严格控制取用水总量；用水效率控制红线，坚决遏制用水浪费；水功能区限制纳污红线，严格控制入河湖排污总量。该管理制度实际上是在客观分析和综合考虑我国水资源禀赋情况、开发利用状况、经济社会发展对水资源需求等方面的基础上，提出了今后一段时期我国在水资源开发利用和节约保护方面的管理目标，以实现水资源的有序、高效和清洁利用。“三条红线”的目标要求，是国家为保障水资源可持续利用，在水资源的开发、利用、节约、保护各个环节划定的管理控制红线，为实现“三条红线”的目标，在《国务院关于实行最严格水资源管理制度的意见》（国发〔2012〕3 号）文件中提出了 2015 年和 2020 年在用水总量、用水效率和水功能区限制纳污方面的目标指标，这些目标指标与流域及区域的水资源承载能力相适应，是一定时期一定区域生产力发展水平、经济发展结构、社会管理水平和水资源管理的综合反映。

最严格水资源管理的“四项制度”是指：用水总量控制制度、用水效率控制制度、水功能区限制纳污制度、水资源管理责任和考核制度。这“四项制度”是一个整体，其中用水总量控制制度、用水效率控制制度、水功能区限制纳污制度是实行最严格水资源管理“三条红线”的具体内容，水资源管理责任和考核制度是落实前三项制度的基础保障。只有在明晰责任、严格考核的基础上，才能有效发挥“三条红线”的约束力，实现最严格水资源管理制度的目标。

用水总量控制制度、用水效率控制制度、水功能区限制纳污制度相互联系，相互影响，具有联动效应。严格执行用水总量控制制度，有利于促进用水户改进生产方式，提高用水效率；严格执行用水效率控制制度，在生产相同产品的条件下会减少取用水量；严格用水总量和用水效率管理，有利于促进企业改善生产工艺和推广节水器具，提高水资源循环利用水平，有效减少废污水排放和进入河湖水域，保护和改善水体功能。通过“总量”“效率”和“纳污”三条红线，对水资源开发利用进行全过程管理，对水资源的“量”“质”统一管理，才能全面发挥水体的支持功能、供给功能、调节功能和文化功能。任何一项制度缺失，都难以有效应对和解决我国目前面临的复杂水问题，难以实现水资源有效管理和可持续利用。

最严格水资源管理制度的实质是：以科学发展观为指导，以维护人民群众的根本利益为出发点和落脚点，以实现人水和谐为核心理念，以水资源配置、节约和保护为工作重心，以统筹兼顾为根本方法，以坚持改革创新为推进管理的不竭动力，统筹协调水资源承载能力、经济社会发展用水安全和水生态与环境安全，着力推进从供水管理向需水管理转变，从水资源开发利用优先向节约保护优先转变，从事后治理向事前预防转变，从过度开发、无序开发向合理开发、有序开发转变，从水资源粗放利用向高效利用转变，从注重行政管理向综合管理转变。

第四节 水文水资源管理的可持续发展

可持续发展涉及自然、环境、社会、经济、科技、政治等诸多领域。其最广泛的定义是 1987 年以挪威首相布伦特兰夫人为首的世界环境与发展委员会（WCED）发表的报告——《我们共同的未来》中提出的：即可持续发展是既满足当代人的需求，又不对后代人满足其需求的能力构成危害的发展。中国政府编制了《中国21世纪人口、环境与发展白皮书》，首次把可持续发展战略纳入我国经济和社会发展的长远规划。1997年党的十五大把可持续发展战略确定为我国现代化建设中必须实施的战略。可持续发展是一项经济和社会发展的长期战略。其主要包括资源和生态环境可持续发展、经济可持续发展和社会可持续发展三个方面。

水资源是基础性的自然资源和战略性的经济资源，是生态与环境的控制性要素，是人类生存、经济发展和社会进步的生命线，是实现可持续发展的重要物质基础。实行最严格的水资源管理制度，加强水资源管理，不仅是解决我国日益复杂的水资源问题的迫切要求，也是事关经济社会可持续发展全局的重大任务。

一、水资源管理是经济可持续发展的迫切需求

近年来，在全球气候变化和大规模经济开发双重因素的交织作用下，我国水资源情势正在发生新的变化，北少南多的水资源分布格局进一步加剧，局部地区遭遇严重干旱、部分城市严重缺水等。与此同时，长期形成的高投入、高消耗、高污染、低产出、低效益的经济发展模式仍未根本改变，一些地方水资源过度开发、无序开发引发一系列生态与环境问题。尤其是我国北方一些地区"有河皆干，有水皆污"，地下水严重超采，甚至枯竭；水土流失严重，沙尘暴肆虐。水环境恶化严重影响我国经济社会的可持续发展。

在这种情况下，在一定的流域或区域内，要根据当地的水资源条件，必须统筹考虑经济社会发展与水资源节约、水环境治理、水生态保护的关系，实行最严格的水资源管理制度，建立用水总量控制制度、用水效率控制制度、水功能区限制纳污制度、水资源管理责任和考核制度，实现流域、区域用水优化分配，提高水资源利用效率，构建节水型社会，从严核定水域纳污容量，严格限制入河湖排污总量，从水质水量统筹管理、合理配置，以水资源的可持续利用推动发展方式转变和经济结构战略性调整，促使经济社会发展与水资源承载能力、水环境承载能力相协调，实现经济社会的可持续发展。在水资源充裕和紧缺地区打造不同的经济结构，量水而行，以水定发展。

二、水资源管理是社会可持续发展的必然选择

水是生命之源，是人类和其他一切生物赖以生存和发展的物质基础。人类生活对水的需求远大于生理水量，而且随着生活水平的提高，人均用水量也在增加。例如，我国2002年总用水量中生活用水量占总用水量5 497×10m的11.26%，按总人口12.85亿平均，人均生活用水量约为132L/d。但当年城镇生活用水量约为200L/d，而大城市人均用水量会更

高。目前，我国生活用水量平均每年的增长速度都在3%～5%之间。城市化进程的加快、生活水平的提高和人口增加都会对水资源供给造成巨大的压力。同时，由于社会经济发展带来的水污染问题，严重威胁城市和农村的饮用水安全。截至2010年底，纳入“十二五”规划的农村饮水不安全人数为29 810万，其中原农村饮水安全现状调查评估核定剩余人数10 220万，新增农村饮水不安全人数19 590万（含国有农林场饮水不安全人数813万）。另有11.4万所农村学校需要解决饮水安全问题。而相关报道称，全国受水量及水质不安全影响的城镇人口有近1亿人。由此可见，保障城乡饮用水安全的任务非常艰巨。然而，在我国水资源严重短缺的态势下，如何将有限的水资源保质保量地优化分配到不同的区域和流域，保证生活用水的需求，确保水资源的持续开发和永续利用，是保证实现整个人类社会持续发展的最重要的物质基础之一。也就是说，为了实现人类社会的持续发展，必须实现水资源的持续发展和永续利用，而要实现水资源的持续发展和永续利用，又必须要借助科学的水资源管理。①

通过水资源管理，使人类认识到水资源的重要性和稀缺性，从过去重点对水资源进行开发利用、治理转变为在开发利用、治理的同时，注意对水资源的配置、节约和保护；从无节制的开源趋利、以需定供转变为以供定需，建立节水型社会；从人类向大自然无节制地索取转变为人与自然、与水资源的和谐共处，实现可持续利用。同时，在观念和行动上实现转变，实现发挥人的主观能动性，推动水资源管理的进程。

此外，加强水资源管理是统筹城乡和区域发展、增强发展协调性的迫切需要。我国农业用水量占总供水量的64%，人增地减水缺的矛盾将长期存在。保持农业稳定发展，保障国家粮食安全，促进农民持续增收，需要强有力的水资源保障。同时，工业化和城镇化的加快推进，区域发展战略的深入实施，对水资源安全保障提出了更高的要求，统筹城乡水资源配置赋予水资源管理更为艰巨的任务。

加强水资源管理是加快发展民生水利、保障人民群众共享水利发展改革成果的迫切需要。水资源与人的生命和健康、生活和生产、生存和发展密切相关。必须大力发展民生水利，着力解决好人民群众最关心、最直接、最现实的水资源问题，切实保障人民群众在水资源开发利用、城乡供水保障、用水结构调整、水权分配和流转等方面的合法权益。

加强水资源管理是提高水利社会管理和公共服务能力、推进水利又好又快发展的迫切需要。水资源管理是水利工作的永恒主题，没有科学的水资源管理，就没有现代水利；没有严格的水资源管理，就没有可持续发展水利。只有加强水资源管理，建立权威高效、运转协调的管理体制，才能根本改变水资源过度开发、无序开发和低水平开发的状况，有效

---

① 张孝军，李才宝. 可持续的水资源管理［M］. 郑州：黄河水利出版社，2005.

解决我国严峻的水资源问题。

三、水资源管理推动环境的可持续发展

水资源是环境系统的基本要素，是生态系统结构与功能的重要组成部分。水以其存在形态与系统内部各要素之间发生着有机联系，构成生态系统的形态结构；水以其运动形式作为营养物质和能量传递的载体，不停顿地运转，逐级分配营养和能量，从而形成系统的营养结构；水在生态系统中永无休止地运动，必然产生系统与外部环境之间的物质循环和能量转换，因而形成系统功能。水在生态系统结构与功能中的地位与作用，是其他任何要素无法替代的。

水是可恢复再生的自然资源，通过水循环，往复于海洋、空间和陆地之间，支持物质循环、能量转换和信息传递的运转。在生生不息的生物圈中，生物地质化学循环也是靠水的运动和调节进行的。总之，生物圈内所有物质虽以不同形式进行着无休止的循环运动，但在任何物质循环过程中，都离不开水的参与和水的独特作用。

众所周知，水质型缺水和水量型缺水都将对生态系统和环境产生显著的负面影响，包括生态系统消亡、生物多样性减少、生态功能下降、环境自净能力下降等。为了保护环境，维持生态平衡，必须保持河湖水环境的正常水流和水体自净能力，以满足水生生物和鱼类的生长，维持江河湖泊的生存与演化，以及保证水上通航、水上运动、旅游观光等各项环境功能。在水资源合理配置调度过程中，优先考虑生态环境需水量，对工程沿线的河道、湖泊的生态水量一定要统筹考虑、多方论证，避免河道、湖库水生态、水环境遭到破坏。在水质管理中，重视地表水和地下水的修复技术研究与应用。

第六章　我国水文水资源管理的优化策略

本章在前几章的基础上，对我国水文水资源管理的优化策略提出了更高的要求，内容主要涉及加强水利信息化建设和加强水资源管理能力建设两方面。

第一节　加强水利信息化建设

经济发展、科技进步，势必要加强信息管理建设和采用先进的科技，以服务于不断提高的水管理工作。信息技术是当代最具有潜力的新的生产力，信息资源已经成为国民经济和社会发展的战略资源。国民经济的现代化建设离不开水利现代化的保障，而水利信息化是水利现代化的基本标志和重要内容。水利信息化是国家信息化建设的重要组成部分，也是水利事业自身发展的迫切需要。通过在水利全行业普遍应用现代通信、计算机网络等先进的信息技术，充分开发应用与水有关的信息资源，可以为水资源的开发利用、合理配置、节约与保护、防洪抗旱减灾等方面的综合管理及水环境保护与治理等决策服务，从而提高水资源科学管理的水平。

一、我国水利信息化建设的现状

水利信息化主要表现在微电子、通信、计算机及网络等技术的应用，通过各种水利基础信息的遥感、遥测以及信息的快速传输和处理，可以大大提高水利工作的水平。

目前，我国水利信息化建设的总体情况是：

（一）建立和完善了实时水雨情信息基本站网和传输体制，初步实现了应用计算机进行信息的接收、处理、监视和洪水预报，在历年的防汛抗旱工作中发挥了一定的作用。

（二）开始部分实现了远程文件传输、公文管理，办公自动化的水平逐步提高。

（三）1995 年开始建设的全国水情计算机广域网，已连接七大流域机构、全国重点防洪省和部分地市，在近年来防汛抗旱工作中发挥了突出的作用。2000 年已实现全国水雨情信息全部网络化，极大地提高了防汛信息的实效性。

（四）在全国范围内初步建立了“国家水文数据库”，研究开发了一批信息服务及洪水预报调度等软件系统。

（五）Internet 网的接入及应用，水利部和一些流域机构、省（自治区、直辖市）水行政主管部门、科研机构和重点企业均已建立了网站。

二、水利信息化发展的总体思路

制定我国水利信息化发展的思路，要考虑两个方面：一是与国家信息化建设的方针和原则相一致；二是符合信息化技术发展的趋势，以保证技术的先进性。

（一）国家信息化建设的指导方针

国家信息化建设的指导方针是：统筹规划、国家为主、统一标准、联合建设、互联互通、资源共享。

（二）水利信息化发展的总体思路

水利信息化发展的总体思路：开发和利用各种水利信息资源，建设和完善水利信息化网络，推进电子信息技术的应用，加快办公自动化的进程，培养信息化人才，制定和完善水利信息化的政策和技术标准，构建并不断完善水利信息化体系。这主要包括以下几个方面：

（一）水利信息化应为国民经济和社会发展提供全方位的水利信息服务。

（二）以需求为导向，长远目标与近期目标相结合，统筹规划，分期实施，急用的先建，逐步推进。①

（三）全民规划、统一标准、共同建设，充分发挥中央和地方两个积极性。

（四）坚持先进实用、高效可靠的原则，保证系统工程的先进性、开放性、兼容性。

（五）以正在实施建设的国家防汛指挥系统工程为龙头，建设全国水利信息网。

（六）坚持公网专用的原则，充分利用国家信息公共设施和相关行业的信息资源，不断完善水利信息网，实现优势互补，资源共享。

（七）加大软件和应用系统工程的投入和开发，注意开发与引进相结合。

（八）严格执行国家保密条例，加强信息系统安全建设。

（九）提高信息化工作的管理水平，重视信息技术和管理人才的培养，积极探索信息系统的管理机制和运营机制。

---

① 林洪孝. 水资源管理理论与实践［M］. 北京：中国水利水电出版社，2003.

三、我国水利信息化建设的主要任务

我国水利信息化建设的任务可分为以下三个层次：

（一）国家水利基础信息系统工程的建设

这包括国家防汛指挥系统、国家水质监测评价信息系统、全国水土保持监测与管理信息系统、国家水资源管理决策支持系统等。这些基础信息系统工程包括分布在全国的相关信息采集、信息传输、信息处理和决策支持等分系统建设。其中，已经开始部分实施的国家防汛指挥系统工程，除了近 1/3 的投资用于防汛抗旱基础信息的采集外，作为水利信息化的龙头工程，还将投入大量的资金建设覆盖全国水利通信和计算机网络系统，为各基础信息系统工程的资料传输提供具有一定带宽的信息“高速公路”。

（二）基础数据库建设

数据库的建设是信息化的基础工作，水利专业数据库是国家重要的基础公共信息资源的一部分。水利基础数据库的建设包括国家防汛指挥系统综合数据库、国家水文数据库、全国水资源数据库、水质数据库、水土保持数据库、水工程数据库、水利经济数据库、水利科技信息库、法规数据库、水利文献专题数据库和水利人才数据库等。①

（三）综合管理信息系统建设

水利综合管理信息系统主要包括：1. 水利工程建设与管理信息系统。2. 水利政务信息系统。3. 办公自动化系统。4. 政府上网工程和水利信息公众服务系统建设。5. 水利规划设计信息管理系统。6. 水利经济信息服务系统。7. 水利人才管理信息系统。8. 文献信息查询系统。

上述数据库及应用系统的建设，在很大程度上提高水利部门的业务和管理水平。

（四）其他方面

信息化的建设任务除了上述内容外，还要重视以下三个方面的工作：

1. 切实做好水利信息化发展规划和近期计划，规划既要满足水利整体发展规划的要求，又要充分考虑信息化工作的发展需要，既要考虑长远规划，又要照顾近期计划。

2. 重视人才培养，建立水利信息化教育培训体系，培养和造就一批水利信息化技术

① 张立中. 水资源管理［M］. 第 3 版. 北京：中央广播电视大学出版社，2014.

和管理人才。

3. 建立健全信息化管理体制，完善信息化有关法规、技术标准规范和安全体系框架。

第二节　加强水资源管理能力建设

水资源管理的原则、目标、内容及理论技术是随着经济社会发展、水情变化而不断动态调整的，并在调整中得到进步，以适应与时俱进的水资源形式对管理的要求，并做到在管理理念、理论等方面的前瞻性需要来管理水资源。因而，加强水资源管理机构和人员的能力建设是一项长期的、必须的艰巨任务。

一、新时期治水思路迫切需要加强水资源管理能力建设

我国洪涝灾害、水污染、干旱缺水、水土流失等问题日益突出，并对经济社会发展和资源环境构成了严重威胁，党的十五届五中全会把水资源问题同粮食、石油一起作为国家重要的战略资源，提高到了可持续发展的突出位置予以高度重视的背景下，我国提出从传统水利向现代水利、可持续发展水利转变，工程水利向资源水利转变，要以水资源的可持续利用保障经济社会可持续发展的新时期治水思路。从而在水资源管理中产生了许多新的管理理论和方法，都需要及时掌握，以提升水资源管理能力水平。① 例如，长期以来，在经济建设和水资源的开发利用方面，对人与自然的和谐共处是重视不够的，对水资源无节制开发利用，导致江河断流、地下水超采、地面下沉；过度围湖造田，侵占河道，降低了河湖的调蓄能力和行洪能力；不注意生态保护，造成水土流失严重，江河湖库淤积，水环境污染破坏严重；将水视为取之不尽、用之不竭的资源，缺乏对水的资源属性和商品属性的认识，浪费水严重，加剧了水资源危机等问题。近年来提出了如何处理经济发展、人口、环境与水资源和谐相处的关系问题，水资源及其环境的承载力问题，水权、水市场的建立与运作问题，水价改革问题，水资源节约、保护和优化配置问题，水资源的可持续利用等问题，都迫切要求加强新时期水资源管理能力建设。

二、新时期水资源管理业务迫切需要加强水资源管理能力建设

随着新时期水资源管理工作的深化发展，围绕水资源管理和有偿使用，建立起一个调控有序、关系协调、科学有力的水资源管理体系，要求在水资源管理工作中根据国务院批

① 潘奎生，丁长春. 水资源保护与管理［M］. 长春：吉林科学技术出版社，2019.

准的职责分工，理顺水资源权属管理与开发利用产业管理的关系，按照流域管理与行政区域管理相结合的体制要求，理顺中央与地方的关系，以及地方分级管理的关系，建立水量水质统一管理的水资源保护监督管理制度，理顺水资源保护与水污染防治的关系，建立和完善水资源调查、评价、规划等基础性工作，以及计划用水、节约用水、取水、用水统计等各项管理制度，推进水资源有偿使用及污染补偿制度的建立和实施，探索和建立适应水资源管理发展需要的组织体系和支持保障体系等，都较之以往的水资源管理工作有了质的跨越，需要水资源管理部门和人员，加强对业务的学习，适应新时期水资源管理工作的发展。

第七章　黄河流域水资源协同治理研究

黄河在我国被称为“母亲河”，孕育了华夏文明，并且在相当长的历史时期内，黄河流域一直是中国的政治、经济、文化中心所在区域。不过，黄河水患在历史上也多次给中华民族带来了灾难性的后果。新中国成立后，在中国共产党的领导下，逐渐形成和完善了黄河流域管理机构，并在防洪减淤、防治水土流失、综合开发利用水资源及水生态保护方面取得了显著成就，促进了黄河流域经济社会的稳定发展。

第一节　黄河流域水资源治理概述

一、黄河流域水资源治理概况

黄河发源于青海省巴颜喀拉山脉北麓海拔 4 500 米的约古列宗盆地，干流河道全长 5 464 公里，按流域面积仅次于长江，是我国第二长河，世界第五长河；按年径流量，依次排在长江、珠江、松辽之后，是我国第四大河。流经青海、四川、甘肃、宁夏、内蒙古、陕西、山西、河南、山东 9 个省区，于山东省东营市垦利县注入渤海。内蒙古托克托县河口镇以上为黄河上游，河道长 3 472 公里，流域面积 42.8 万平方公里；河口镇至郑州市桃花峪为中游，河道长 1 206 公里，流域面积 34.4 万平方公里；桃花峪以下为下游，河道长 786 公里，流域面积只有 2.3 万平方公里。年均径流量 580 亿立方米，流域面积 79.5 万平方公里（含内流区面积 4.2 万平方公里），流域人口 1.07 亿人，占全国人口总数的 8.6%。其中城镇人口 2 506 万人，占全国的 6.8%。

与国内其他河流与流域不同，黄河流域特有的自然气候、地形地貌、经济社会特征决定了黄河流域水资源治理任务的艰巨性、复杂性和长期性，也决定了探索一种适合流域特点的治理机制的必要性。

（一）黄河流域水资源的特点

流域水资源具有以下几个主要特点：一是黄河流域水资源贫乏，黄河流域水资源总量从2000年到2015年16年间，平均天然径流量为541.75亿立方米，仅占全国河川径流量的2%左右，但却承担了全国15%的耕地用水和8.6%的人口供水任务，并且还要承担向流域外的天津、青岛等地调水任务。二是径流年际、年内变化都很大，比如十余年来，高的一年是2012年，径流量达692.16亿立方米，低的2002年径流量只有403.04亿立方米。在同一年内，干流及主要支流7~10月份径流量占到全年的60%以上。三是地区分布很不均衡，兰州以上年径流量占全河的61.7%，而流域面积只有28%左右，兰州以下至河口镇区间流域面积20.6%，年径流量却只占0.3%。四是流域生态环境脆弱，资源环境承载能力低，水土流失严重，我国八大生态脆弱区在黄河流域就分布了四个。五是河水含沙量高，水资源开发利用难度大，黄河挟带泥沙数量之多，居世界首位，平均每年输入黄河下游的泥沙达16亿吨，年平均含沙量每立方米37.8公斤，一些多沙支流洪峰含沙量高达每立方米300~500公斤，并且60%的水量和80%的泥沙都集中在每年的汛期。

（二）当前面临的治理形势

20世纪80年代以来，随着水资源短缺和水环境问题的恶化，我国在黄河流域治理上开始强调对黄河水资源的开发、利用、节约、保护，在加强水资源的科学管理，提高利用效率方面，取得了很大的成效，并在全国水资源综合规划领导小组的统一部署下，黄河水利委员会也展开了黄河流域水资源综合规划工作，为未来黄河流域水资源治理走向综合规划、协调行动奠定了良好的基础。但随着经济的快速发展和社会生活水平的提高，加之生态、气候环境的变化，黄河流域水资源治理依然面临着比较严峻的现实形势。

第一，水资源开发利用率过高，用水矛盾日益加剧。虽然已经建立起水量分配、调度、节水管理、水权转换等制度，但由于黄河流域供养着1.07亿人口，支撑着全国15%的耕地面积，加上流域上分布着的工业多属于高能耗的传统工业，致使黄河总量有限的水资源开发利用过度。当前，流域内水资源的开发利用率高达70%，而国际上公认的警戒线是40%。尽管如此，流域上用水矛盾依然十分突出，不同地区之间因居民生活用水、牲畜用水、农业灌溉、工业用水等矛盾不断。

第二，水污染问题严重，防治任务十分艰巨。随着工业和城市的发展，以及农业中广泛使用各种化学肥料和药剂，我国水资源污染问题比较突出，据水质监测资料显示，我国七大江河水系普遍受到不同程度的污染，其中黄河流域是水资源污染比较严重的片区之一。虽然进入新世纪以来，黄河流域在水污染治理上取得了明显的成效，使Ⅰ、Ⅱ、Ⅲ类水质从占比不到30%改善到近几年的60%以上，但由于城镇化和工业化的持续推进，向黄河的排污总量不断上升，使流域水资源质量总体恶化的趋势没有改变。这也是近几年导致黄河劣Ⅴ类水质比重一直居高不下、重大水污染事件时有发生的根本原因所在。

第三，上中游水土流失严重，下游河道形态特殊，治理难度大。黄河中游流经的黄土高原，由于土壤结构疏松，抗冲抗蚀能力差，植被稀少，坡陡沟深，暴雨集中，水土流失极其严重。黄河流域泥沙的80%来自黄土高原的丘陵沟壑区和高原沟壑区。特别是丘陵沟壑区，地形破碎，植被稀少，年土壤侵蚀模数高达1万~3万t/km。黄河流域水土流失面积为46.5万m^2，其中黄土高原地区水土流失面积为45.17万m^2，占流域水土流失面积的97.1%。严重的水土流失不仅造成当地人民群众生活的长期贫困，也加剧了土地荒漠化和其他自然灾害在内的生态环境的恶化，制约了经济社会的可持续发展。黄河流域上中游严重的水土流失，造成下游河道持续淤积、河床不断抬高，形成著名的“地上悬河”，其中新乡市、开封市、济南市的黄河河床高度分别高于当地地面20m、13m、5m，更严重的地方甚至形成了“二级悬河”，增加了下游洪水泛滥的威胁程度和治理难度。

第四，黄河源区生态治理形势日益严峻。龙羊峡水库以上为黄河源区，涉及青海、四川、甘肃3省的6个州、18个县，总面积约13.2万平方公里。这一区域面积虽然不大，但它的生态影响却牵动着整个黄河流域。在全球气候变暖的大背景下，黄河源头的气温自1956年至2005年全年总的趋势都在变暖，这种变化趋势促使蒸发增加，气候干旱化。有关研究表明，近50年来黄河源区平均气温升高大约1.5摄氏度，至少造成4%~10%的流量减少。此外，加上过度放牧以及鼠虫灾害影响，植被退化非常严重，在青海省的共和县，有将近三分之一的土地严重沙化，并且还在以每年1.8万亩的速度蔓延。虽然我国近年来已经启动了黄河源区生态系统修复工程，但由于牵涉因素多，施行难度大，生态恶化总体形势并没有根本好转。

二、黄河流域水资源管理模式的特点

目前，我国水资源管理坚持的是国家集权管理模式，即政府权威性管理模式，政府通过权力运作的方式向社会提供水资源，这是由水资源归国家所有的属性和我国单一制国家结构决定的。我国《水法》第三条明确规定：“水资源属于国家所有。水资源的所有权由国务院代表国家行使。”这是国家集权管理水资源的政治保障。由于我国地域广阔、国家政府组织能力有限，国家行政权力很难作为一个整体来行使，按地域和层级拆分为局部行政权力分属不同行政主体成为必要的选择，例如：各级地方政府、中央各职能部门。黄河流域水资源治理模式形成了科层制结构与统一管理、流域管理与行政区域管理相结合、偏技术治理路线、轻社会综合治理的特点。

（一）科层制结构与统一管理

1988年，我国颁布的《水法》规定，流域管理实行“统一管理与分级管理相结合”

的管理体制。我国科层制集权的政治结构决定了流域管理的科层制管理与统一管理相结合的特点。科层制结构与人民代表大会制度密切相关，在人民代表大会制度下，国家和地方各级人民代表大会选举产生各级行政、司法机关来执行自己的立法和决策。周黎安的“属地化管理为基础的行政逐级发包制度”① 详细阐述了我国治理结构：中央政府把行政和经济管理具体事务发包给省级政府，省级政府再把这些事务发包给市级政府，一级一级往下发包直到乡级政府，形成科层制的政治结构。行政逐级发包以属地管理为基础，形成了条块结合的治理结构，既保障了行政责任的落实，也保障了政治体制的稳定性。属地管理体制下，地方职能部门受上级职能部门和地方政府的双重领导，上级部门负责对其进行业务指导，同级地方政府负责为其提供人、财、物力支持。当地方政府和中央政府意见不一致时，中央政府通过人、财、物对地方职能部门进行约束。

水资源的自然特性决定对水资源必须进行统一管理。如：降水、地表水、地下水的关联性，流域的整体性，水资源各功能之间的互补性都需要对水资源进行统一管理。统一管理是指流域管理机构综合考虑上下游、左右岸、地表水和地下水、水质和水量等因素，统一开发利用水资源和管理涉水事务的过程。打破了以行政区划为界线对流域进行垄断和分割管理，主要包括：统一管理、统一调度、统一发放取水许可证、统一征收水资源费、统一管理水质和水量。② 流域水资源统一管理不仅可以提高管理效率，也有利于水资源的保护和合理配置，均衡流域整体发展。

行政组织的层级制是中央政府政策法令在地方政府得以有效贯彻实施的组织保障。中央政府制定的水资源法律和流域性法规，地方政府相关部门负责实施并监督检查，才能实现流域的统一管理。水利部门作为国家水行政主管部门，是水资源统一管理机构，主要负责地表水及地下水的开发、利用、保护，防洪、防治水土流失，协调、仲裁水事纠纷和承办国务院交办的其他事项。各级水利部门对自己管辖范围内的水资源进行统一管理。国家、省级、市级、县级水行政机构分别对水资源进行宏观、中观、微观管理。黄河水委利委员作为水利部的派出机构，专门负责黄河流域的管理，与水利部同样形成科层制的关系。水利部和黄委会负责流域规划和项目审批，各级河务部门根据各级水利部门的部署，建设水利设施，开发利用水资源。黄委会单列机构黄河流域水资源保护局，受水利部和环保部的双重领导，负责流域水环境的保护。水土保持局根据水利部水土保持司的指示，负责治理黄河流域的水土流失问题。不同层面的管理机构，共同协作来完成水管理事务，实现黄河流域的统一管理。

① 张军、周黎安. 为增长而竞争：中国增长的政治经济学［C］. 上海人民出版社，2008：163.

② 李四林. 水资源危机：政府治理模式研究［M］. 武汉：中国地质大学出版社有限责任公司，2012：124.

水资源归国家所有的属性，使政府机关在黄河流域的管理中起主导作用，自上而下的科层制管理机构是国家集权管理的运作机制，以行政权力为后盾，通过行政手段对水资源实施管理。非政府机制的缺失，参与主体的单一性、权力基础的唯一性和独占性，手段的强制性，形成了黄河流域的管理导向。

（二）流域管理与行政区域管理相结合

1988 颁布的年《中华人民共和国水法》规定，我国水管理体制为“国家对水资源实行统一管理与分级，分部门管理相结合的制度”。此后我国一直遵循这种规定，实行流域管理与行政区域管理相结合的水管理体制。这种体制强调的是通过层级实现国家对水资源的统一管理，但没有对流域管理机构的法律地位和管理职责做出规定。随着 20 世纪 80 年代中期我国推行的区域分权行政体制改革，大大增强了区域权力，形成了自然资源的分割化管理，客观上造成了与流域统一管理原则相违背的水功能、水资源分割管理的局面。

行政区域管理严重割裂了水资源的整体性，各级地方政府的分块管理发挥主导作用，流域管理机构为主的流域统一管理发挥作用有限。特别是在制度规定和地方利益这两大阻力下，完全的流域管理甚至从来没有实现过，使流域统一管理陷入了体制上的困境。

1995 年，国务院制定的《淮河流域水污染防治暂行条例》，是我国第一部流域管理的行政法规，显示了国家对流域管理的重视。1997 年《中华人民共和国防洪法》规定：“国务院水行政主管部门在国务院的领导下，负责全国防洪的组织、协调、监督、指导等日常工作。国务院水行政主管部门在国家确定的重要江河、湖泊设立的流域管理机构，在所管辖的范围内行使法律、行政法规规定和国务院水行政主管部门授权的防洪协调和监督管理职责。”这是我国法律第一次对流域管理机构职责做出明确规定。虽然 2002 年《中华人民共和国水法》规定：“国家对水资源实行流域管理与行政区域管理相结合的管理体制。”但没有对流域管理做出具体规定，没有明确规定流域管理机构的法律地位，其法律权威没有保障。

如前文所述，我国的基本政治制度决定了科层制的政治体制。实际治理中，地方各级水管理机构为主体的区域管理机制发挥主导作用，以流域管理机构为主体的流域统一管理机制并没有发挥应有的功能。

当前我国不少学者提出通过合作治理来实现流域的跨界治理，但这些合作治理仅停留在会议层面，制度化程度低。集体磋商的协调机制在涉及实质性利益时，往往因分歧太大而无法达成共识。如何调动地方政府合作的积极性和实现合作的可能性需要进一步深入研究。

因此，黄河流域的治理应以流域管理为主，行政区域管理为辅。地方政府侧重于对黄河流域水资源的开发、利用，流域管理侧重于对黄河流域整体实行包括开发、利用、保护等在内的综合管理。黄委会在各级地方设置的河务机关，促进了地方参与流域管理，领导、监督地方政府的水管理工作；各种内设机构满足了不同的业务需要。

（三）偏技术治理路线，轻社会综合治理

新中国成立初期，我国秉持西方传统水利思想“改造自然、造福人类”，受当时社会经济发展需求的影响，治水活动主要是通过水利工程建设开发利用水资源，促进经济发展，满足人们的生活需求。这些水利枢纽工程在断流治理、泥沙控制、流域水资源统一规划、统一分配、统一调度、统一管理、水质监测等方面取得显著成效。例如：三门峡水利枢纽工程、青铜峡水利枢纽工程、龙羊峡水电站，都具有防洪、灌溉和发电等作用，小浪底水利枢纽工程主要用于调水调沙。这些水利工程虽然发挥了巨大的作用，改变了过去人们用水困难的局面，但是没有改变我国依然存在的水资源危机，甚至有越来越严重的趋势。所以说通过工程技术对黄河流域治理的路线是存在问题的，工程技术治理通过大量开发水资源从表面上解决了水资源紧缺的问题，却造成了水资源总量的危机。因此，我国水资源问题的实质是人的问题，水危机的根源是缺乏有效的制度安排，是政府治理能力低下导致的治理危机，治水的关键是“治人”。①

《水法》作为我国水利治理的基本法，侧重于对水资源的开发、利用，如第一条规定：“为了合理开发、利用、节约和保护水资源，防治水害，实现水资源的可持续利用，适应国民经济和社会发展的需要，制定本法。”第五条规定：“县级以上人民政府应当加强水利基础设施建设，并将其纳入本级国民经济和社会发展计划。”这些规定都强调了国家和政府对水资源的技术治理。《水法》作为我国流域管理机构职责和权力的来源，导致流域管理机构的职责更多是对流域进行水利工程的管理。

这种治理模式在动员社会力量参与，合理利用水资源，防治水污染方面表现无力。黄河流域上水利工程大量兴建，水资源无序开发，逐渐形成了以需定供的供水模式，生产和生活需要多少水就开发引用多少水，造成水资源的大量浪费；农田灌溉采用大水漫灌而不是滴灌，灌溉沟渠年久失修造成引水过程中的水资源浪费；生活用水价格低廉，居民生活用水利用率低，节水意识淡薄。水资源的大量开发，使整个社会各行各业都存在浪费现象。新中国成立以来，党和政府对黄河流域治理的重视一直是偏重技术治理，缺乏从经济、政治、文化、生态等多方面对黄河流域水资源的综合治理。政府在黄河流域治理中占主体地位，社会组织、企业、群众参与水资源治理的渠道有限，参与之后发挥的作用受

---

① 李四林. 水资源危机：政府治理模式研究［M］. 武汉：中国地质大学出版社有限责任公司，2012：10.

限，特别是企业在水污染治理方面积极性不高。

第二节　推进黄河流域水资源协同治理的途径

黄河流域水资源治理是一个复杂的过程，而传统科层制管理存在的弊端使其难以应对这种复杂情况，这就需要水管理部门进行职能转变，建立统一的流域管理机构，提高涉水行政能力，完善流域管理法律体系，建立流域上下游对话机制，动员全社会成员参与流域治理行动，从而协同各方力量进行共同治理。

一、推动水公共行政部门的转型改革

（一）明确流域管理机构的公共服务职能，剥离企业经营性质的业务

我国水资源管理权历来属于政府部门，许多流域管理机构同时拥有水资源管理权和经营权。例如，海河水利委员会投资组建的华北水利水电工程集团，黄委会出资改建的三门峡水利枢纽管理局（三门峡黄河明珠有限公司）。流域管理机构作为经济主体，拟定公共政策时顾及部门利益、下属经济实体的利益，难免会损害公众的利益。同时随着社会的发展和民众用水需求的多元化，单一的管理主体已经无法承担复杂的公共管理职能，甚至出现了“什么都想管，什么都管不好”的现象。黄河流域相关管理机构应该转变职能，主动、合理地向体制外分权，通过法律授权或行政委托的形式，将部分水资源管理权转交给社会和市场行使。

分离资源管理职能和经营职能，剥离政府综合管理部门和资源经营性部门的行政领导关系。保留宏观决策的水资源管理职能，把中观和微观的技术职能、水资源的经营权通过合同外包、政府购买等方式让渡给市场主体。例如，将黄河勘测规划设计有限公司、三门峡水利枢纽管理局（三门峡黄河明珠有限公司）两个直属企业单位改制为社会资金控股单位，把经营权让渡给社会组织，利用市场经济的积极性提高治理效率，扩大企业运营空间，并且弱化流域管理机构的管理职能，只负责提供公共产品和公共服务，减少机构人员编制，减轻政府财政负担。

（二）完善流域管理法律体系，强化流域管理机构的行政处置权

根据发达国家政府改革的经验，我国在转变政府职能时，要把职能转变、机构改革和立法工作紧密结合起来。明晰和严格的法律规范是协同治理的基础。日本流域治理的多部

门协作治理模式就是建立在完善的法律保障体系之上。国家水利部、环保部等多个部门共同参与相应法律法规的制定，联合制定流域水资源的规划。《河川法》《工业用水法》《上、下水道法》《特定多功能水库法》《水资源开发促进法》《公害对策基本法》《水污染防治法》等法律法规规定了不同功能的水资源的开发利用规则，促进了流域水污染治理处罚和监督作用的发挥。① 国外流域治理经验表明流域管理法律体系对流域治理至关重要，在确定流域管理机构的法律地位、隶属关系，强化流域管理机构的职权能力等方面，发挥着重要作用，能够使各个流域管理机构明确自己的职能范围，从而实现有序管理。

我国2008年修订《水污染防治法》第八条规定："县级以上人民政府环境保护主管部门对水污染防治实施统一监督管理。"由此可以看出，在水污染治理方面，法律没有明确规定流域管理机构的治理主体地位，才导致其流域水污染的治理权力薄弱。依据前文所述的国外流域治理经验，我国应建立黄河流域治理的专门法律——《黄河法》，规定黄河流域管理机构的法律地位、隶属关系，强化流域管理机构的职权能力，对全流域进行统一管理。

（三）建立公开透明的信息披露制度，加强对流域管理机构的社会监督

要做到流域管理的公开、透明，就要打破信息垄断和封闭，建立、完善信息披露制度，对利益相关者施加压力，这些压力主要来自政府、竞争对手、社会公众、媒体等，不仅是对涉水主体用水行为的监督，也是对流域管理机构的监督。建设流域信息共享平台，实现流域信息跨部门、跨流域、跨行业的交换和共享。

黄河流域的水资源水质、水量、汛情、旱情等涉及社会公众利益的信息，要通过网络、新闻、广播、报刊等方式，及时、真实地向社会公布。一方面，可以让公众根据公告采取相应行动如节水、防洪、治污等，既保证了群众的安全，也可以使各参与主体协同治理黄河，提高水资源管理的效率；另一方面，便于社会公众对流域管理机构的监督，促进其更好地行使职权。

二、建立多元可行的水资源治理协调机制

我国从20世纪90年代以来经济的快速增长，主要是地方政府间"政绩大化"而产生的竞争。这种竞争只注重对流域的经济开发，忽视了对流域的生态功能的保护。在水资源利益多元化的情况下，政府、市场和公民社会将作为三支结构性的力量而存在，形成一种"多中心环境管制结构"。中央政府负责制订流域整体发展规划，以此来规范和制约地方政

① 高珊，黄贤金. 发达国家城市水污染治理的比较与启示［J］. 城市问题，2011，(3)：91-94.

府的盲目竞争。

（一）建立全流域水资源协同治理委员会

从“河长制”在全国各地实行的整体情况来看，它的积极作用还是大于消极作用，这一制度是能够被肯定的。目前全国实行的“河长制”都是在党政机关范围里，流域管理机构内尚未实行“河长制”。根据“河长制”在浙江省的实施经验，在加强流域管理机构的职权基础上，可以将“河长制”引进到黄河流域管理机构中来，这不仅是对“河长制”的创新与完善，也是对流域管理机构职权的加强。

由于当前“河长制”的问责主体一般是责任主体的下级（大多为环保部门）或者责任主体的上级，由于利益纠葛的存在，“一票否决制”无法很好地实施。而上级对下级的问责，在上级需要承担连带责任的情况时，也难以保证问责结果的公正性。① 这种问责制的实践至今也是报喜不报忧状况居多，真正的“一票否决”几乎未见。目前“河长问责制”是一种基本上有利于“河长”的制度设置。② 流域机构的“河长”可以对党政机构的“河长”形成补充、监督和配合，共同对黄河水资源进行协同治理。在山东黄河河务局、河南黄河河务局、黄河上中游管理局、黑河流域管理局、水文局、经济发展管理局、移民局、山西黄河河务局、陕西黄河河务局和黄河流域水资源保护局等直接管理水资源的单位及其下属各级河务部门中设置“河长”，负责管辖范围内的各段黄河及支流。在相应河段设置“河长”牌，标明负责人、联系方式及负责范围，方便社会公众监督和反映流域情况。

国外的机构设置中，流域管理机构拥有较大的权力，而在我国的流域体制中，黄河流域管理机构只是水利部的派出机构，承担更多的是协调者的责任。③ 因此，借鉴欧洲各国在莱茵河成立“莱茵河防治污染国际委员会”治污的成功经验，在黄委会内部建立全流域水资源协同治理委员会，委员由黄河流域内各级河长担任，协调各省的治理活动。统一制定并签署环保协议，各省在遵循环保协议的前提下，共同治理黄河。

（二）建立流域上下游对话机制与生态补偿机制

我国大部分河流是跨区域的河流，流域上下游之间、省际之间、市际之间、县际之间往往存在着水污染纠纷。根据有关资料，“我国约有一半的贫困县分布于省区交界地带，

① 王书明、蔡萌萌. 基于新制度经济学视角的“河长制”评析［J］. 中国人口·资源与环境，2011，21（9）：8-13.

② 黄爱宝.“河长制”：制度形态与创新趋向［J］. 学海，2015，（4）：141-147.

③ 范从林. 流域涉水网络中的中心角色治理研究［J］. 科技管理研究，2013，（9）：217-221.

这些地方丰富的自然资源未能得到联合开发和利用，同时，这些地方也是水流域的污染、缺水和断流问题的集中地带”。① 这种情况要求流域的不同地区之间必须建立有效的沟通机制，以防范和解决因水资源利用或污染所导致的各种纠纷，但是典型的市场治理或科层治理机制已经无法解决跨界水资源多维属性的复杂问题，其治理效果和效率在不断降低。基于此，流域上下游的良好沟通对话机制和生态补偿机制对流域水污染治理意义重大。

1. 协同治理的信任机制

涉水主体利益不同导致各参与主体之间的信任程度存在差异，笔者认为信任机制是协同治理的基础性机制，也是上下游对话的基础，应该首先建立。根据信任的不同属性，可以分为组织信任和人际信任。根据流域水资源协同治理主体之间的关系，它们之间的信任表现为组织间信任。它的优点主要表现为：（1）各组织之间的信任越强，政府强制性的公权力运用的就会越少，组织之间的合作关系就越灵活；（2）降低协同治理的信息收集、监督成本，提高治理效率；（3）促进知识共享和相互学习。②

美国印第安纳大学帕克博博士认为，信任的产生主要有三种方式，分别是以制度、过程、社会文化为基础产生的信任。因此，可以将正式制度和非正式制度视为信任机制产生的两条途径，通过完善政治制度和发展公民社会来加强信任机制建设，为跨界水污染治理营造一个良好的氛围。

2. 跨界府际合作机制

跨行政区的水污染问题是区域公共问题的一种，应该用流域政府合作的方式来解决。机构设置上，设立跨区域常设办事机构，隶属流域管理机构，会同相关地方政府共同制订工作计划，处理跨域水污染纠纷事件。目前，跨界水污染治理的政策措施主要有直接管制、经济手段和协商谈判三种。鉴于以往政府在直接管制中，地方政府因为自身利益而提供虚假信息，跨界水污染纠纷的治理效果并不佳，因此工作方式主要采取协商谈判的方式。协商谈判的方式结合了直接管制和经济手段的优点，可以从更广泛的角度和范围去考虑跨界水污染治理的行政方式和市场方式的协调运用，较直接管制更具灵活性。

3. 合作与沟通机制

在具体的治理实践中，可根据需要建立各种合作与沟通机制，比如建立常态化的跨界水污染环境信息公开机制、联合执法检查机制、联合监测机制等，也可以根据具体问题和突发事件建立水污染应急机制、纠纷协调机制等。目前，国内在跨域水污染治理问题上已经有了一定的合作经验，主要途径是通过协议或会议等形式建立政府间的沟通平台。例

① 周黎安. 转型中的地方政府：官员激励与治理［M］. 上海：上海人民出版社，2008：242-243.

② 唐兵. 论公共资源网络治理中的信任机制［J］. 理论导刊，2011，(1)：49-51.

如：针对山东与江苏省边界跨界水污染问题，山东临沂市环保局与江苏徐州市、连云港市建立了联席会议，实行流域水污染联防联治，取得了明显效果。

4. 生态补偿机制

党的十八大将生态文明建设纳入“五位一体”建设中，生态补偿机制也得到了高度重视，流域水生态补偿机制是生态补偿机制的重点。所谓流域生态补偿机制，就是把整个流域水生态看作一个整体系统，为了维护和改善流域水生态环境，在上中下游之间建立利益平衡和补偿制度，以实现成本共担，收益共享。

流域生态补偿的方式可以分为资金、政策、实务、智力四种方式。根据用途的不同，补偿机制可以分为五大类：抗旱水污染突发事件应急调水补偿机制、上下游省市水资源利用补偿机制、城市引用水源保护区生态补偿机制、跨省河流水环境保护补偿机制、湿地及湖泊生态保护补偿机制。鉴于流域的外部性和“市场失灵”，流域的生态补偿应该由政府提供。

(1) 建立黄河流域水资源水环境管理监督委员会，作为黄河流域水环境管理监督的统一权威机构，由各省政府领导成员组成，国家环保部和水利部参与。这种地方政府联盟既兼顾了整体利益也使该机构具有权威性，此外，环保部和水利部的参与，对于保障国家环保政策和水利政策的贯彻执行，具有重要作用。

(2) 跨界处设立水质监测制度：在黄河流域所有县级以上行政区河流交界处设立水质监测设施，由省级环保部门实行监测，并建立出入境水质档案，对社会公开信息并接受监督。

(3) 经济补偿。按照当地人口和经济发展水平，从政府财政中支出赔付给对方。上游地区为了保护下游地区的水质而导致的企业经济损失或付出的保护成本，由下游地区补偿；上游地区为了自身经济发展对下游地区造成的水污染和水资源短缺也应给予补偿。

(4) 政策扶持。发展战略方面：在异地建立工业基地或产业园区，拉动落后地区经济发展，把外部补偿转化为自身能力的提高。财政政策方面：对水源保护区实行税收减免政策，同时实行基本财政保障制度和生态保护财政专项补助政策。区域经济结构调整：淘汰重污染企业，改善传统产业，优先扶持生态产业，彻底改变不合理的产业结构。

(5) 实行行政考核。为明确责任，防止相互推诿，有必要将交界处断面水质监测纳入污染减排考核体系，并实行“一票否决”制，对未达标的地方政府责令限期整改，逾期未整改或整改不力的，实行“区域限批”制，并追究相关官员责任。

（三）完善政府与企业间的协作机制

企业既是流域污染的制造者，同时也是流域污染必不可少的治理者。以往政府对企业的污染行为采用行政处罚或者停产整顿等单向行政手段进行规范，可以在短时间内取得明显的成效，但是两者之间没有很好地沟通协作，难以使企业产生内在的激励效应，企业不会积极更新设备、改进技术来减少污染物的排放，而是寻找各种机会违法排污，将水污染产生的负外部性转嫁到公众身上。为了实现流域水资源的协同治理，要探索出行政手段之外的协作机制。

1. 合理布局流域产业，形成合理的污染企业准出准入机制。合理布局流域产业就是将之前"先污染，后治理"的发展模式变为事前防污。为了黄河流域经济的持续稳定发展，提高对造纸、纺织、制革、医药化工等高污染、高耗能企业的准入门槛和引导这些重污染企业退出成为当务之急。

准入机制方面：(1) 建立并向社会公布涉污企业名单，社会公众共同监督，如有违法排污行为要及时在整个流域内通报。(2) 根据流域内人口、资源情况，制订合理的发展规划，开发与保护并重。(3) 根据当地资源特点，建设特色产业，避免产业趋同导致的过度竞争。(4) 按照水资源的功能划分不同功能区，避免水资源无序开发而造成污染。

退出机制方面：(1) 完善法律政策，保障重污染企业顺利退出。企业的退出会出现职工失业现象进而影响经济和社会的稳定，完善配套的退出政策是必不可少的。根据发达国家的经验，如日本的《特定萧条产业安定临时措施法》《特定萧条行业离职者临时措施法》，对退出企业的设备报废、人员安置都做了规定。我国也应该运用法律手段来保障企业的顺利退出。(2) 通过经济手段，引导重污染企业退出。通过税收减免、信贷优惠、财政补贴、科技奖励等方式，鼓励企业淘汰落后设备、工艺，引进先进技术，充分利用资源、减少排污。(3) 统一排放标准，作为重污染企业退出标准。各行业能耗、资源消耗标准不统一，无法确定重污染企业名单。科技已经进步但是有些行业的排污标准没有随之改变，应该根据经济情况制定符合当前发展要求的污染物排放指标。

2. 建立排污权交易制度。由于整个流域内各地区经济发展水平差距很大，在产业布局、防污治污技术装备等方面也参差不齐，因此，原来实行的跨界水污染的指令配额管理机制实际上并不利于污染物的跨界处理。基于此，政府可以建立当地企业间的排污交易制度，排污量需求大的企业通过向排污量低的企业购买排污权，既降低排污成本，也实现了水资源的优化配置，同时也激励了落后企业改进治污设备和技术。通过排污权的交易，使企业需求和水资源保护之间获得一种更优的平衡状态，既实现了流域水资源的优化配置，又有利于水资源的保护。

3. 通过环保融资，引进市场机制。我国一直通过政府投资或直接补贴方式推动对污水的处理，由政府负责和运营污水处理设施，但是在实际过程中由于政府投入资金的不足导致设施使用效率不高，很多处理能力没有发挥出来。在国家"持续推进政府职能转变"

的背景下，越来越多的公共服务会由市场来提供，投资的渠道不再单一。目前我国的环保企业具备了相应的技术，社会资金也较以前充足，但是市场化、产业化机制还没有建立起来，融资渠道不畅通。因此，我们可以拓宽融资渠道，挖掘环保市场，发展环保产业。政府对环保企业实行优惠政策，推动水污染治理事业发展。

三、积极引导社会力量参与流域水资源治理活动

水资源与人们的日常生活和生产活动息息相关，在水资源的治理过程中，民众也就不可能被置身其外，正如有学者指出的那样，“由于流域管理的广泛性和社会性，公众参与是流域管理的关键因素。”① 公众参与流域水资源的治理既体现了流域决策的科学化和民主性，也促进了公众环保意识的普遍提高和环保工作的有效进行。

国际上对公众参与流域管理的重视开始于 20 世纪 90 年代。1992 年 1 月，在爱尔兰都柏林召开的联合国水和环境国际会议提出了水资源综合开发与管理的四项基本原则。其中第二项是：水的开发和管理应建立在各层次的使用者、制订计划者和政策制定者参与的基础之上。自此，公众参与流域决策和管理逐渐兴起并成为世界的潮流，发达国家取得了许多成功的经验。

比如美国在密西西比河流域治理中，就逐渐形成了一个由高校、科研机构和企业三方参与的合作机制，并成立了自己的科研实验机构，作为科学论证的平台和公众参与的渠道。法国在流域治理中建立的流域委员会，则实行政府机构代表、民意代表和用户代表各占 1/3 原则。在英国，公众可以参与排污申请审核过程，对许可的排污行为也可以提起民事和刑事诉讼，公众对水资源管理的意见将作为政策修订的参考。南非非常重视水利法规的建设，《南非共和国水法》被誉为南非水管理的灵魂，其全面、详细地规定了水管理活动中，社会公众和利益直接相关方参与其中的方式和途径。

各国流域水资源管理经验表明，在水资源治理过程中要实现公众参与，就需要建立和畅通有关渠道，完善相关流域管理制度，积极培育和引导公民个体和社会团体关注水资源问题。因此，在黄河流域治理过程中，我们可以借鉴发达国家的公众参与流域管理的成功经验，从多方面完善我国流域管理中的公众参与机制。

（一）畅通公众参与渠道，发挥公众监督作用

2015 年 4 月 2 日，国务院印发的《水污染防治行动计划》提出的十条措施（即俗称

① 孙雯雯. 我国流域管理中公众参与机制的创新［A］. 中国法学会环境资源法学研究会. 环境法治与建设和谐社会——全国环境资源法学研讨会（2007. 8. 12~15 · 兰州）论文集［C］. 1183-1187.

的“水十条”）第十条规定：“强化公众参与和社会监督。”这就要求管理机构不仅要通过民主协商的方式与公众合作管理流域，还要接受公众对其工作的监督。

1. 政府公开流域管理信息，扩大公众知情权。流域信息的公开是公众参与流域管理的第一步，2002 年修订的《水法》第十六条规定：“基本水文资料应当按照国家有关规定予以公开。”建立信息公开制度，流域管理部门和政府相关部门必须按时公布应该定期向社会公开的流域信息，例如：流域重大决策公告、公示制度，使公众可以事前参与。在此基础上，建立跨部门的信息联网系统，形成整个流域的信息数据共享平台，让公众全面了解整个流域的情况，互相借鉴流域治理经验。

2. 拓宽公众参与的渠道。从流域问题的确定、流域管理计划的制订到实施，公众可以参与流域管理的全过程。可以通过调查问卷收集群众关心的流域问题，开展街道活动或村委活动组织公众保护水环境。与公众利益相关的决策可以召开听证会，如：流域治理规划、流域污染问题纠纷等，通过双向平等沟通，让各个利益方参与到决策和协调过程中来。

3. 公众参与的监督作用。流域污染治理缺乏有效监督，环保部门“执法不严、违法不究”的行为造成了流域污染一直以来难以控制的局面。有研究者以淮河、太湖流域为对象对我国水污染防治监管机制的实践效果进行了调查，结果表明，全民监管机制的缺乏是影响流域水污染控制计划全面落实的主要因素。① 媒体可以通过宣传引导社会组织、群众对政府行政行为和企业污染行为都进行监督。企业之间也要互相监督，对违法排污的企业进行罚款，对自觉治污和检举污染的企业进行嘉奖。

（二）积极推动、资助各类社会组织参与水资源治理过程

近年来，随着政府的转型，社会组织和政府的关系已经不是对立的，而是“合作伙伴”的关系。政府通过改革将原本属于社会的职能归还给社会，社会组织承接社会治理的某些职能，协助政府治理社会。20 世纪 90 年代末，我国出台的多项政策刺激了社会组织数量的增加也推动了社会组织的发展。有学者认为，公众的原子化、分散化特点导致的参与愿望不强烈、参与能力不足、表达机制不畅，单纯依靠民主化进程和公民社会的自我成长来增强公众参与的道路太漫长，短期内有效的方法是借助各类公益非政府组织的组织化程度较高、专业性、执行力较强的优势，来弥补公众个体参与不足的缺陷。

1. 设立“民间河长”。随着“河长制”在全国各地的推广和实行，社会公众在参与水资源治理的过程中也逐渐出现了一些非官方的、没有行政级别的“民间河长”，例如：

① 丁宗凯. 淮河、太湖流域水污染防治监管机制的公众调查研究［J］. 环境保护科学，2007，33（6）：97-99.

“淮河卫士”霍岱珊、“绿色汉江”的运建立、“绿色家园志愿者”汪永晨。除了这些成立十多年已经有所成就的民间组织和“河长”外，还有很多刚刚加入流域环境治理的“河长”，例如：2014 年，杭州市城管委为治理全市范围内的 47 条黑臭河，面向社会招募的 56 位“民间河长”，收集市民对河道治理的意见，及时反馈给政府“责任河长”，协助职能部门开展治水活动；嘉兴市南湖区通过选拔组成的公众评审团参与流域污染案件的评审，评审意见也会被采纳，群众的意见能影响政府的决策，公众评审团不只是公众参与环保的一种新形式，更是公众声音的传声筒，这些“民间”组织更能代表普通群众的利益。

2. 设立基金会。2009 年 10 月 20 日在郑州成立的中国保护黄河基金会是我国第一个旨在保护流域的国家基金会，主要负责黄河流域水资源的保护、黄河文化的传承、黄河研究的资助。黄河流域沿岸的经济发展离不开黄河水的哺育和滋养，黄河沿岸的企业应该用自己获得的经济收益通过基金会回馈给黄河母亲。2011 年 8 月，宁夏农垦西夏王葡萄酒业集团一次性向中国保护黄河基金会捐赠价值 150 万元人民币的物资，用于保护黄河公益事业，并同意借其集团名下的产品包装来宣传推进保护黄河的公益事业。

2012 年 11 月 11 日在兰州成立的甘肃黄河之子保护黄河基金会组织，通过科普读物，改进科技，开展学术讨论，资助宣传教育，奖励突出贡献者等多种方式从黄河上游着手开展黄河保护工作。

1991 年 1 月，中国青少年发展基金会、共青团中央联合有关部委共同发起了保护母亲河行动。通过授权各省级青基会面向海内外筹集资金，建立“保护母亲河行动专项基金（保护母亲河绿色希望工程基金）”，在主要江河流域环境恶化、经济欠发达地区植树造林，改善流域生态环境，同时也帮助青少年提高了环保意识。

2011 年 8 月，经河南省民政厅批准的河南省民营企业社会责任促进中心成立。通过建立并完善民营企业社会责任评价体系，每年对民营企业进行社会责任调查，根据调查的实际情况，促进民营企业积极履行社会责任。例如：2016 年，贵州铜仁铜鑫汞业有限公司和内蒙古伊东集团东兴化工有限公司在洛阳倾倒污染物事件，在中央省市三级环保部门的行政督察下，该企业两个月也没有将污染物运走。针对此事，河南省民营企业社会责任促进中心向洛阳市中级人民法院提起公益诉讼，弥补了政府和执法部门的不足。

随着我国各种社会组织的成立和发展，国家应该通过政策上的支持增加社会组织的独立性，才能保证其捍卫群众的能力。

（三）建立公益诉讼制度，借助公民维权途径来实现水资源保护

公益诉讼制度是公众参与权实现的保障，主要有民事公益诉讼和行政公益诉讼两大类。在流域管理中，凡涉及水资源诉讼案件，无论是政府部门还是公民或社会团体，都应

该可以有资格作为诉讼主体，以对污染、破坏流域水资源的单位和个人提起诉讼。由于我国现行法律还不完善，司法实践中公益诉讼往往不予立案。在这方面，随着公众环保意识的提高和参与能力的增强，公益诉讼应该得到法律更多的支持。而且，应该扩大公益诉讼原告的范围，与案件有无直接利害关系的公民、企业法人、社会组织都享有公益诉讼的权利。除此之外，还可以设立公益诉讼基金。政府拨款、社会捐助、企业违法排污的罚款均可用于设立公益诉讼基金，为公众提起公益诉讼提供资金支持或奖励，从制度和经济两方面保证公众监督权的真正发挥。环保组织和法律援助机构等公益组织也可以通过一定途径对公益诉讼提供帮助，以充分保障公民的维权，实现水资源保护。

参考文献

[1] 赵宝璋. 水资源管理 [M]. 北京：水利电力出版社，1994.
[2] 张立中. 水资源管理 [M]. 第 3 版. 北京：中央广播电视大学出版社，2014.
[3] 毛春梅. 水资源管理与水价制度 [M]. 南京：河海大学出版社，2012.
[4] 林洪孝. 水资源管理理论与实践 [M]. 北京：中国水利水电出版社，2003.
[5] 刘陶. 经济学区域水资源管理中的实践 [M]. 武汉：湖北人民出版社，2014.
[6] 张孝军，李才宝. 可持续的水资源管理 [M]. 郑州：黄河水利出版社，2005.
[7] 何俊仕，尉成海，王教河. 流域与区域相结合水资源管理理论与实践 [M]. 北京：中国水利水电出版社，2006.
[8] 任树梅. 水资源保护 [M]. 北京：中国水利水电出版社，2003.
[9] 张林祥. 水资源保护 [M]. 北京：水利电力出版社，1987.
[10] 潘奎生，丁长春. 水资源保护与管理 [M]. 长春：吉林科学技术出版社，2019.
[11] 杨波. 水环境水资源保护及水污染治理技术研究 [M]. 北京：中国大地出版社，2019.
[12] 刘贤娟，梁文彪. 水文与水资源利用 [M]. 郑州：黄河水利出版社，2014.
[13] 崔振才，杜守建，张维圈，等. 工程水文及水资源 [M]. 北京：中国水利水电出版社，2008.
[14] 舒展，邸雪颖. 水文与水资源学概论 [M]. 哈尔滨：东北林业大学出版社，2012.
[15] 刘俊民，余新晓. 水文与水资源学 [M]. 北京：中国林业出版社，1999.
[16] 阿曼江·阿布都外力. 浅析水资源的合理利用与保护 [J]. 能源与节能，2021 (05)：91-92.
[17] 张芳. 水资源管理中的水质监测与服务分析 [J]. 农业科技与信息，2021 (07)：25+33.
[18] 李照杰. 水质监测在水资源保护中的意义及监测环节 [J]. 智能城市，2021，7 (05)：123-124.
[19] 章雨乾，章树安. 水资源与水文监测主要差异分析研究 [J]. 水利信息化，2021

(01)：67-70.
[20] 杨四海，高坤. 水资源取用水监测系统的分析与设计 [J]. 现代盐化工，2021，48 (01)：80-81.
[21] 王向飞，时秀梅，孙旭. 水资源规划及利用 [M]. 中国华侨出版社，2020.
[22] 韩淑颖. 水资源适应性利用的作用机制及量化方法研究 [D]. 郑州大学，2020.
[23] 邱万保. 我国河流湿地保护法律问题研究 [D]. 东北林业大学，2020.
[24] 赵军如. 我国地下水资源保护法律问题研究 [D]. 东北林业大学，2020.
[25] 查娜. 呼和浩特市水资源利用管理研究 [D]. 内蒙古师范大学，2019.
[26] 周圣佑. 我国地下水超采治理法律制度研究 [D]. 湖南师范大学，2020.
[27] 郑祥，魏源送，王志伟. 中国水处理行业可持续发展战略研究报告 [M]. 北京：中国人民大学出版社，2019.
[28] 冯茜. 白城市地下水资源保护方案研究 [D]. 吉林大学，2019.
[29] 徐雅婕. 黄河流域水资源协同治理研究 [D]. 河南师范大学，2017.
[30] 彭文英，单吉堃，符素华，等. 资源环境保护与可持续发展 [M]. 北京：中国人民大学出版社，2015.
[31] 乔玉飞. 黄河水资源保护流域化管理研究 [D]. 郑州大学，2014.
[32] 陈洁. 黄河水资源管理信息系统的分析与设计 [D]. 山东大学，2012.
[33] 席玮. 中国区域资源、环境、经济的人口承载力分析与应用 [M]. 北京：中国人民大学出版社，2011.